학기별 계산력 강화 프로그램

바쁜

바른
교과서
연산

수학 전문학원의
연산 꿀팁으로
계산이 빨라져요!

학교 진도
맞춤 연산   4-2학기

이지스에듀

저자 소개

징검다리 교육연구소 적은 시간을 투입해도 오래 기억에 남는 학습의 과학을 생각하는 이지스에듀의 공부 연구소입니다. 아이들이 기계적으로 공부하지 않도록, 두뇌가 활성화되는 과학적 학습 설계가 적용된 책을 만듭니다.

최순미 선생님은 징검다리 교육연구소의 대표 저자입니다. 이지스에듀에서 《바쁜 5·6학년을 위한 빠른 연산법》과 《바쁜 3·4학년을 위한 빠른 연산법》, 《바쁜 1·2학년을 위한 빠른 연산법》 시리즈를 집필, 새로운 교육 과정에 걸맞은 연산 교재로 새 바람을 불러일으켰습니다. 지난 20여 년 동안 EBS, 디딤돌 등과 함께 100여 종이 넘는 교재 개발에 참여해 왔으며 《EBS 초등 기본서 만점왕》, 《EBS 만점왕 평가문제집》 등의 참고서 외에도 《눈높이수학》 등 수십 종의 교재 개발에 참여해 온, 초등 수학 전문 개발자입니다.

바빠 교과서 연산 시리즈 ⑧

바쁜 4학년을 위한
빠른 교과서 연산 4-2학기

초판 발행 2019년 3월 29일
초판 11쇄 2024년 9월 20일
지은이 징검다리 교육연구소, 최순미
발행인 이지연
펴낸곳 이지스퍼블리싱(주)
출판사 등록번호 제313-2010-123호
주소 서울시 마포구 잔다리로 109 이지스빌딩 5층(우편번호 04003)
대표전화 02-325-1722　팩스 02-326-1723
이지스퍼블리싱 홈페이지 www.easyspub.com　이지스에듀 카페 www.easysedu.co.kr
바빠 아지트 블로그 blog.naver.com/easyspub　인스타그램 @easys_edu
페이스북 www.facebook.com/easyspub2014　이메일 service@easyspub.co.kr

기획 및 책임 편집 박지연, 조은미, 정지연, 김현주, 이지혜　교정 박현진, 박옥녀　문제풀이 이지우　감수 한정우
일러스트 김학수　표지 및 내지 디자인 이유경, 정우영　전산편집 아이에스　인쇄 보광문화사
영업 및 문의 이주동, 김요한(support@easyspub.co.kr)　독자 지원 박애림, 김수경　마케팅 라혜주

ISBN 979-11-6303-063-8 64410
ISBN 979-11-6303-032-4(세트)
가격 9,000원

덜 공부해도 더 빨라지네? 왜 그럴까?

☆ 이번 학기에 필요한 연산을 한 권에 담은 두 번째 수학 익힘책!

'바빠 교과서 연산'은 이번 학기에 필요한 연산만 모아 똑똑한 방식으로 훈련하는 '학교 진도 맞춤 연산 책'입니다. 실제 요즘 학교에서 배우는 방식으로 설명하고, 작은 발걸음 방식으로 차근차근 문제를 풀도록 배치했습니다. 교과서 부교재처럼 이 책을 푼 후, 학교에 가면 반복 학습 효과가 높을 뿐 아니라 수학에 자신감도 생깁니다.

☆☆ 친구들이 자주 틀린 연산 집중 훈련으로 똑똑하게 완성!

공부는 양보다 질이 더 중요합니다. 쉬운 연산을 반복해서 풀기보다는 내가 약한 연산을 강화해야 실력이 쌓입니다. 그래서 이 책은 연산의 기본기를 다진 다음 친구들이 자주 틀리는 연산만 따로 모아 집중 훈련합니다. 또래 친구들이 자주 틀린 문제를 나도 틀릴 확률이 높기 때문이지요.

또 '내가 틀린 문제'를 따로 적어 한 번 더 복습합니다. 이렇게 훈련하면 적은 시간을 공부해도 연산 실수를 확실히 줄일 수 있습니다. 5분을 풀어도 15분 푼 것과 같은 효과를 누릴 수 있는 거죠!

친구들이
자주 틀린
연산을 연습하니
더 빨라!

☆☆☆ 수학 전문학원들의 연산 꿀팁이 담겨 적은 분량을 공부해도 효과적!

기존의 연산 책들은 계산 속도가 빨라지는 비법을 알려주는 대신 무지막지한 양을 풀게 해 아이들이 연산에 질리는 경우가 많았습니다. 바빠 교과서 연산은 수학 전문학원 원장님들의 노하우가 담긴 연산 꿀팁을 곳곳에 담아, 적은 분량을 훈련해도 계산이 더 빨라집니다!

☆☆☆☆ 목표 시계는 압박하지 않으면서 집중하게 도와 줘요!

각 쪽마다 목표 시간이 적힌 시계가 있습니다. 이 시계는 속도를 독촉하기 위한 게 아니에요. 제시된 목표 시간은 딴짓하지 않고 풀면 보통의 4학년이 풀 수 있는 시간입니다. 시간 안에 풀었다면 웃는 얼굴 ☺에, 못 풀었다면 찡그린 얼굴 😫에 색칠하세요.

이 책을 끝까지 푼 후, 찡그린 얼굴에 색칠한 쪽만 복습한다면 정말 효과 높은 나만의 맞춤 연산 강화 훈련이 될 거예요.

1. 이번 학기 진도와 연계 — 학교 진도에 맞춘 학기별 연산 훈련서

'바빠 교과서 연산'은 최근 개정된 초등 수학 교과서의 단원을 제시한 연산 책입니다! 이번 학기 수학 교육과정이 요구하는 연산을 한 권에 모아 훈련할 수 있습니다.

개정된 수학 교과서 단원을 제시해, 교과 연계 학습하기 좋아요!

국내 유일! 각 과(1장)마다 개정 교과서 단원을 확인할 수 있어요~

학교 진도에 맞춰 푸니 수업 시간에도, 단원평가에도 자신감 뿜뿜~

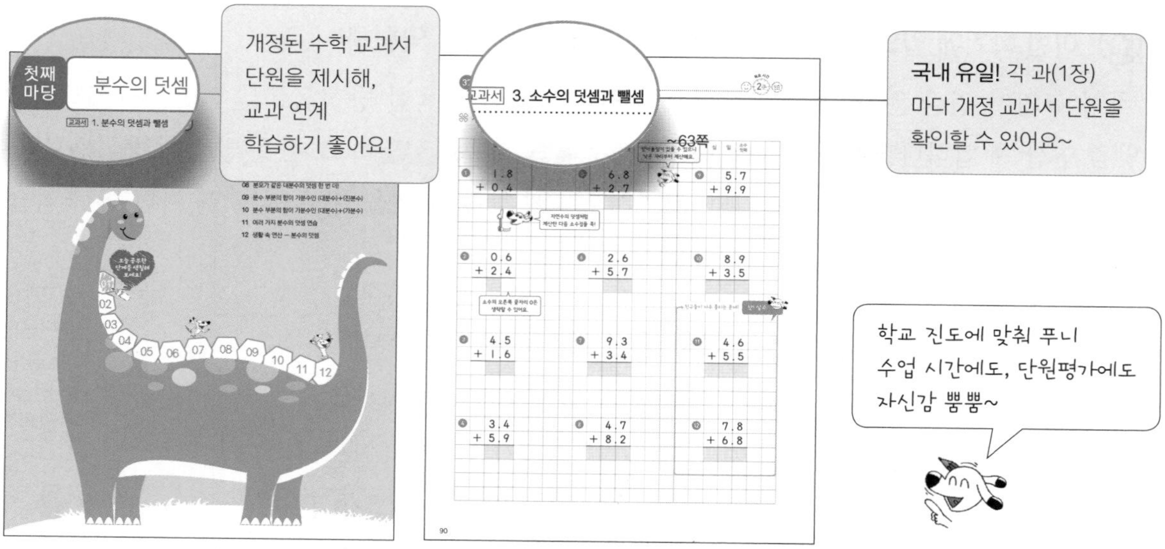

2. '앗 실수'와 '내가 틀린 문제'로 더 빠르고 완벽하게 익힌다!

'앗! 실수' 코너로 친구들이 자주 틀리는 연산을 한 번 더 훈련하고 '내가 틀린 문제'도 직접 쓰고 복습합니다. 약한 연산에 집중하는 것이 바로 시간을 허비하지 않는 비법입니다.

'앗! 실수'는 4학년 친구들이 자주 틀린 문제만 모았어요.

실력이 오르는 순간은 언제일까요? 아는 문제를 풀 때가 아니라 헷갈린 문제를 다시 풀 때랍니다.

'내가 틀린 문제'를 직접 쓰고 풀어 보며 복습해요!

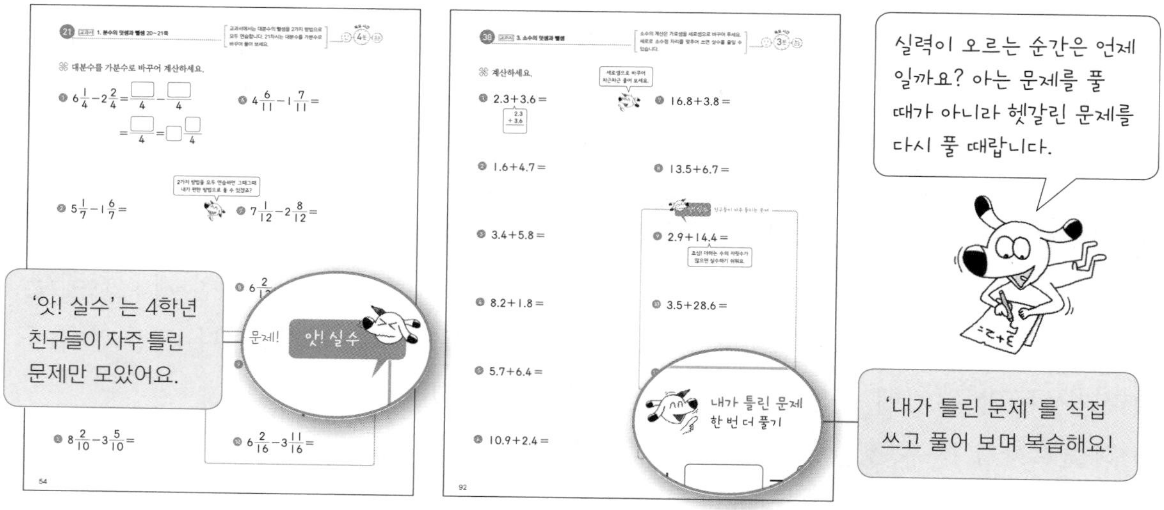

3. 수학 전문학원의 연산 꿀팁과 목표 시계로 학습 효과를 2배 더 높였다!

이 책에는 수학 전문학원 원장님들의 노하우가 담긴 연산 꿀팁이 가득 담겨 있습니다. 또 4학년이 충분히 풀 수 있는 목표 시간을 제시하여 집중하는 재미와 성취감을 동시에 느낄 수 있습니다.

한 쪽을 목표 시간 안에 다 풀면 웃는 얼굴에 색칠하세요.

각 쪽마다 목표 시간이 있어요. 문제를 풀 준비가 되면 직접 스톱 워치를 실행하세요.

수학 전문학원의 연산 꿀팁을 담았어요!

연산 꿀팁 덕분에 계산 속도가 확실히 빨라졌어요!

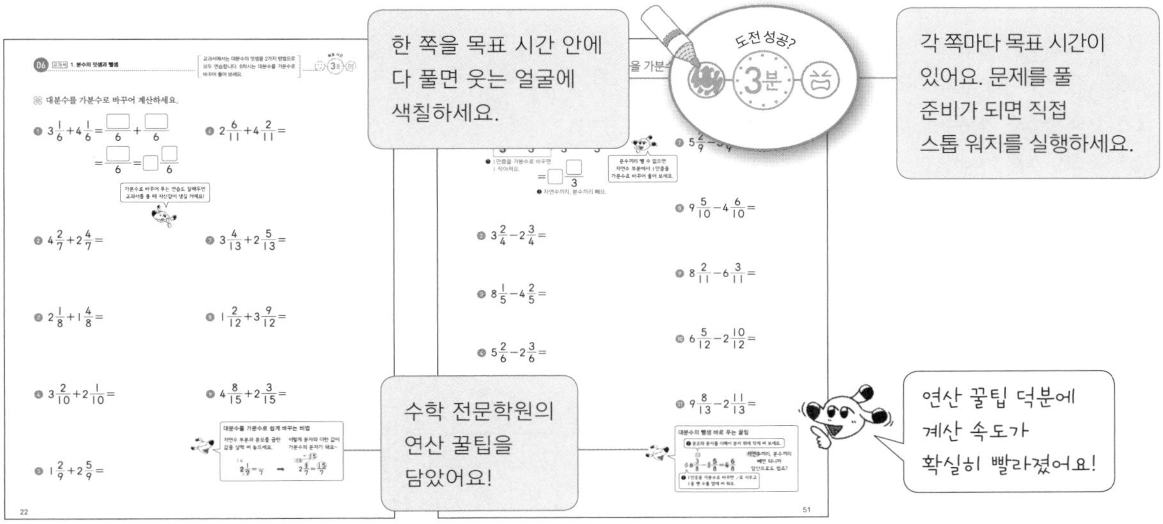

4. 보너스! 기초 문장제로 확인하고 다양한 활동으로 수 응용력까지 키운다!

개정된 교육과정부터 시험의 절반 이상을 서술형으로 바꾸도록 권장하는 등 점점 '서술형'의 비중이 높아졌습니다. 따라서 연산 훈련도 문장제까지 이어 주면 효과적입니다. 각 마당의 공부가 끝나면 '생활 속 문장제'와 '맛있는 연산 활동'으로 수 감각과 응용력을 키우며 마무리합니다.

생활 속 문장제로 서술형의 기초를 다져요!

한 마당의 끝은 맛있는 연산 '꿀떡! 연산 간식'으로 즐겁게 마무리~

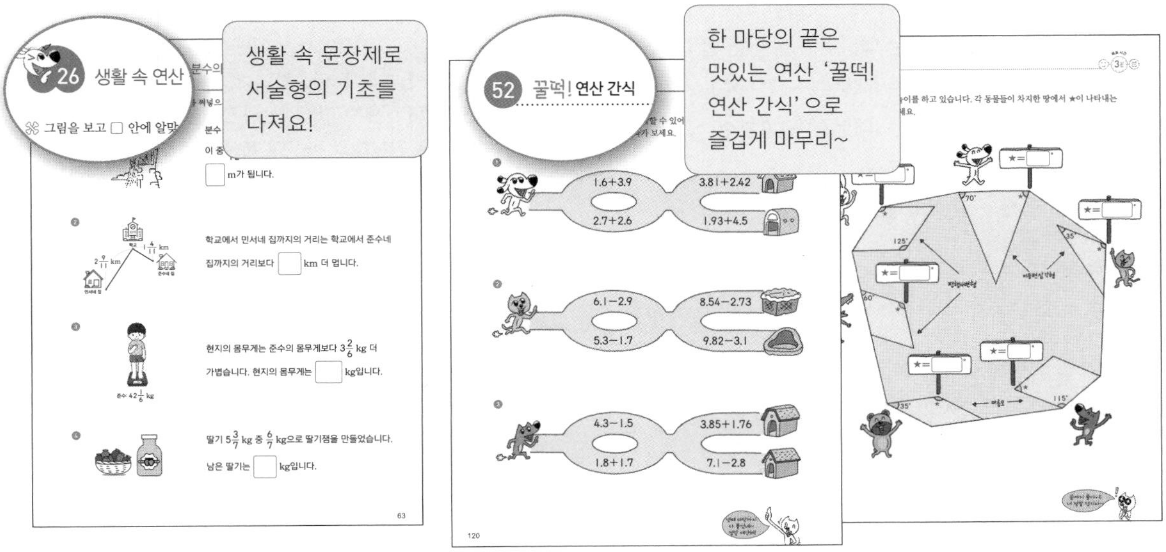

목 차

바쁜 4학년을 위한 빠른 교과서 연산 4-2

연산 훈련이 필요한 학교 진도 확인하기

교과서 1. 분수의 덧셈과 뺄셈

- 진분수의 덧셈
- 대분수의 덧셈

지도 길잡이 4학년 2학기 첫 단원에서는 분수의 덧셈과 뺄셈을 배웁니다. 분수의 계산 결과가 가분수가 나오면 대분수로 바꾸어 나타내도록 지도해 주세요. 약분은 5학년 때 배우므로 약분을 할 수 있더라도 그대로 둡니다.

교과서 1. 분수의 덧셈과 뺄셈

- 진분수의 뺄셈, 1-(진분수)
- (자연수)-(분수)
- 대분수의 뺄셈

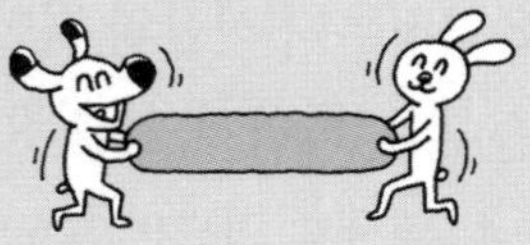

지도 길잡이 교과서에서는 대분수의 덧셈과 뺄셈을 아래 두 가지 방법 모두 연습합니다.
1) 자연수끼리, 분수끼리 계산하기
2) 대분수를 가분수로 바꾸어 계산하기
문제를 다 풀고 시간이 남으면 다른 방법으로 한 번 더 풀어 보게 해 주세요.

교과서 3. 소수의 덧셈과 뺄셈

- 소수 두 자리 수 알아보기
- 소수 세 자리 수 알아보기
- 소수의 크기 비교
- 소수 사이의 관계

지도 길잡이 소수는 크기 비교가 쉽기 때문에 실생활에서 분수보다 많이 활용됩니다. 흔히 마시는 콜라 1.5 L는 몇 mL인지, 우유 200 mL는 몇 L인지 이야기해 보세요. 소수 사이의 관계를 이해하는 데 도움이 됩니다.

교과서 3. 소수의 덧셈과 뺄셈

- 소수 한 자리 수의 덧셈
- 소수 한 자리 수의 뺄셈
- 소수 두 자리 수의 덧셈
- 소수 두 자리 수의 뺄셈

지도 길잡이 소수의 계산은 그다지 어렵지 않지만 답에 소수점을 찍지 않는 실수가 자주 일어납니다. 계산한 다음 소수점을 꼭 찍도록 지도해 주세요. 소수의 가로셈은 암산보다 세로셈으로 바꾸어 푸는 습관을 들이는 게 좋습니다.

교과서 2. 삼각형, 4. 사각형

- 이등변삼각형에서 각도 구하기
- 평행사변형에서 각도 구하기
- 마름모에서 각도 구하기

지도 길잡이 삼각형과 사각형의 성질을 이용하여 각도를 구하는 마당입니다. 각 도형의 성질은 외워서 바로 떠오르게 연습해야 계산 시간을 단축할 수 있습니다.

바쁜 5학년을 위한 빠른 교과서 연산 5-1 목차		연산 훈련이 필요한 학교 진도 확인하기
첫째 마당	자연수의 혼합 계산	1. 자연수의 혼합 계산
둘째 마당	약수와 배수	2. 약수와 배수
셋째 마당	약분과 통분	4. 약분과 통분
넷째 마당	분수의 덧셈과 뺄셈	5. 분수의 덧셈과 뺄셈
다섯째 마당	다각형의 둘레와 넓이	6. 다각형의 둘레와 넓이

☆ 나만의 공부 계획을 세워 보자

나의 권장 진도 ____ 일

☑ 예습하는 거예요.

☑ 초등 4학년이지만 수학 문제집을 처음 풀어요.

하루 한 장 60일 완성!

1일차	1과
2일차	2과
3~58일차	하루에 한 과 (1장)씩 공부!
59, 60일차	틀린 문제 복습

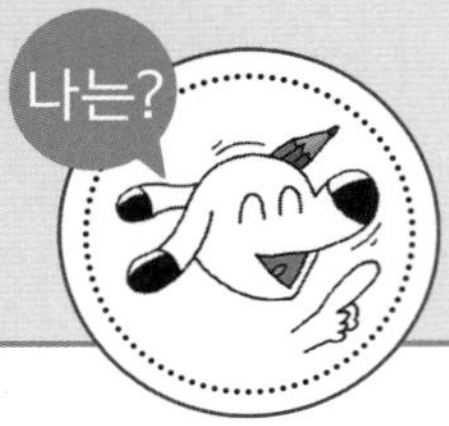

☑ 지금 4학년 2학기예요.

☑ 초등 4학년으로, 수학 실력이 보통이에요.

하루 두 장 30일 완성!

1일차	1, 2과
2일차	3, 4과
3~29일차	하루에 두 과 (2장)씩 공부!
30일차	틀린 문제 복습

☑ 잘하지만 실수를 줄이고 더 빠르게 풀고 싶어요.

☑ 복습하는 거예요.

하루 세 장 20일 완성!

1일차	1~4과
2일차	5~7과
3~19일차	하루에 세 과 (3장)씩 공부!
20일차	틀린 문제 복습

▶ 이 책을 지도하시는 학부모님께!

1.하루 딱 10분,

연산 공부 환경을 만들어 주세요.

2.목표 시간은

속도를 재촉하기 위한 것이 아니라 공부 집중력을 위한 장치입니다.

아이가 공부할 때 부모님도 스마트폰이나 TV를 꺼주세요. 한 장에 10분 내외면 충분해요. 이 시간만큼은 부모님도 책을 읽거나 공부하는 모습을 보여 주세요! 그러면 아이는 자연스럽게 집중하여 공부하게 됩니다.

책 속 목표 시간은 속도 측정용이 아니라 정확하게 풀 수 있는 넉넉한 시간입니다. 그러므로 복습용으로 푼다면 목표 시간보다 빨리 푸는 게 좋습니다. 또한 선행용으로 푼다면 목표 시간을 재지 않아도 됩니다.

♥그리고 공부를 마치면 꼭 칭찬해 주세요! ♥

첫째 마당

분수의 덧셈

교과서 1. 분수의 덧셈과 뺄셈

바빠 개념 쏙쏙!

✪ 분모가 같은 진분수의 덧셈

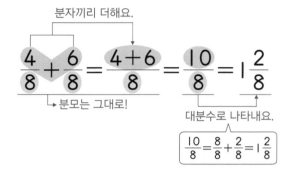

분자끼리 더해요.

$$\frac{4}{8}+\frac{6}{8}=\frac{4+6}{8}=\frac{10}{8}=1\frac{2}{8}$$

→ 분모는 그대로!

대분수로 나타내요.

$\frac{10}{8}=\frac{8}{8}+\frac{2}{8}=1\frac{2}{8}$

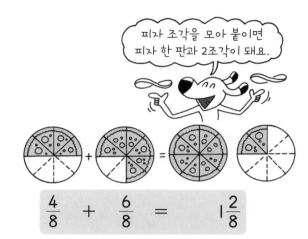

$$\frac{4}{8} \quad + \quad \frac{6}{8} \quad = \quad 1\frac{2}{8}$$

✪ 분모가 같은 대분수의 덧셈

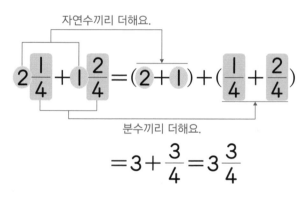

자연수끼리 더해요.

$$2\frac{1}{4}+1\frac{2}{4}=(2+1)+\left(\frac{1}{4}+\frac{2}{4}\right)$$

분수끼리 더해요.

$$=3+\frac{3}{4}=3\frac{3}{4}$$

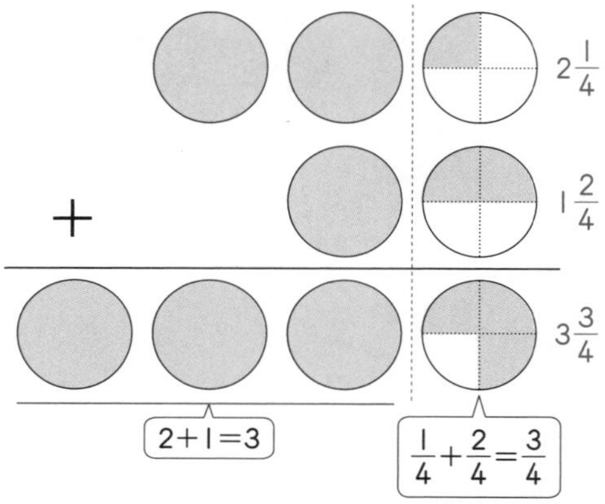

이렇게 계산할 수도 있어요!

대분수를 가분수로 바꿔요.

$$2\frac{1}{4}+1\frac{2}{4}=\frac{9}{4}+\frac{6}{4}=\frac{15}{4}=3\frac{3}{4}$$

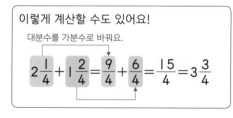

잠깐! 퀴즈

$\frac{2}{6}+\frac{3}{6}$을 바르게 계산한 것은 어느 것일까요?

① $\frac{5}{12}$ ② $\frac{5}{6}$

정답 ②

01 분모는 그대로! 분자끼리만 더하자

목표시간 2분

분모가 같은 진분수끼리 더할 때는
분모는 그대로 두고, 분자끼리만 더해요.

계산하세요.

❷ 분자끼리 더해요.

① $\frac{3}{6}+\frac{2}{6}=\frac{3+\square}{6}=\frac{\square}{6}$

❶ 분모는 그대로!

② $\frac{2}{7}+\frac{4}{7}=$

③ $\frac{3}{8}+\frac{2}{8}=\frac{\square}{8}$

암산으로 바로
풀어 보세요!

④ $\frac{3}{9}+\frac{4}{9}=$

⑤ $\frac{1}{10}+\frac{8}{10}=$

⑥ $\frac{5}{11}+\frac{4}{11}=$

⑦ $\frac{6}{12}+\frac{1}{12}=$

⑧ $\frac{4}{13}+\frac{6}{13}=$

⑨ $\frac{7}{14}+\frac{2}{14}=$

⑩ $\frac{2}{15}+\frac{9}{15}=$

⑪ $\frac{8}{16}+\frac{5}{16}=$

분모끼리는
더하지 않아요~

⑫ $\frac{10}{17}+\frac{4}{17}=$

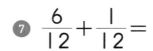

약분은 5학년 때 배우므로 계산 결과를 약분 할 수 있더라도 그대로 두세요.

목표 시간 2분

계산하세요.

분모 먼저 그대로 써요! 분자끼리만 더하면 되니 어렵지 않죠?

① $\frac{3}{5}+\frac{1}{5}=$

② $\frac{4}{8}+\frac{3}{8}=$

③ $\frac{6}{9}+\frac{2}{9}=$

④ $\frac{1}{7}+\frac{5}{7}=$

⑤ $\frac{7}{12}+\frac{4}{12}=$

⑥ $\frac{3}{11}+\frac{6}{11}=$

⑦ $\frac{8}{13}+\frac{3}{13}=$

⑧ $\frac{5}{14}+\frac{4}{14}=$

⑨ $\frac{9}{17}+\frac{3}{17}=$

⑩ $\frac{10}{15}+\frac{2}{15}=$

친구들이 자주 틀리는 문제! 앗! 실수

⑪ $\frac{6}{16}+\frac{6}{16}=$

분모끼리 더하지 않도록 주의해요. 분자끼리 더하고, 분모는 그대로!

⑫ $\frac{8}{19}+\frac{8}{19}=$

02 계산 결과가 가분수이면 대분수로 바꾸자

목표 시간 2분

✂ 가분수를 대분수로 나타내세요.

1. $\frac{7}{2}$ ➡ $\square\frac{\square}{2}$

$7\div2=3\cdots1$ ➡ $\frac{7}{2}=3\frac{1}{2}$

3학년 때
배운 내용 먼저
복습해 봐요.

2. $\frac{21}{4}$ ➡ (   )

3. $\frac{13}{6}$ ➡ (   )

4. $\frac{15}{11}$ ➡ (   )

5. $\frac{32}{10}$ ➡ (   )

6. $\frac{30}{12}$ ➡ (   )

✂ 계산하세요.

7. $\frac{2}{4}+\frac{3}{4}=\frac{2+\square}{4}=\frac{\square}{4}=\square\frac{\square}{4}$

대분수로 나타내요.

계산 결과가 가분수이면 대분수로 바꾸어 나타내요.

8. $\frac{4}{5}+\frac{4}{5}=$

9. $\frac{3}{6}+\frac{5}{6}=\frac{\square}{6}=\square\frac{\square}{6}$

3+5

과정을 한 단계
줄여 볼까요?

10. $\frac{5}{7}+\frac{6}{7}=$

11. $\frac{7}{8}+\frac{1}{8}=\frac{8}{8}=1$

$\frac{8}{8}$은 1과 같아요.

12. $\frac{8}{9}+\frac{6}{9}=$

목표 시간 2분

계산하세요.

① $\frac{3}{5}+\frac{4}{5}=$

② $\frac{2}{3}+\frac{2}{3}=$

③ $\frac{6}{9}+\frac{5}{9}=$

④ $\frac{5}{8}+\frac{4}{8}=$

⑤ $\frac{7}{11}+\frac{9}{11}=$

⑥ $\frac{10}{12}+\frac{7}{12}=$

⑦ $\frac{4}{10}+\frac{9}{10}=$

⑧ $\frac{8}{13}+\frac{7}{13}=$

⑨ $\frac{9}{15}+\frac{13}{15}=$

⑩ $\frac{12}{14}+\frac{13}{14}=$

⑪ $\frac{14}{18}+\frac{17}{18}=$

⑫ $\frac{15}{17}+\frac{16}{17}=$

03 진분수의 덧셈 한 번 더!

목표 시간 2분

분모는 그대로! 분자끼리 더해요~
이때 계산 결과가 가분수이면
대분수로 바꾸어 보세요.

계산하세요.

① $\frac{2}{6}+\frac{5}{6}=$

② $\frac{6}{7}+\frac{4}{7}=$

③ $\frac{5}{9}+\frac{8}{9}=$

④ $\frac{7}{10}+\frac{4}{10}=$

⑤ $\frac{8}{11}+\frac{5}{11}=$

⑥ $\frac{9}{12}+\frac{4}{12}=$

⑦ $\frac{6}{13}+\frac{10}{13}=$

⑧ $\frac{10}{14}+\frac{13}{14}=$

⑨ $\frac{11}{15}+\frac{6}{15}=$

⑩ $\frac{9}{16}+\frac{12}{16}=$

⑪ $\frac{10}{17}+\frac{15}{17}=$

⑫ $\frac{14}{18}+\frac{15}{18}=$

목표 시간 2분

계산하세요.

① $\frac{4}{8}+\frac{7}{8}=$

② $\frac{6}{11}+\frac{8}{11}=$

③ $\frac{4}{6}+\frac{3}{6}=$

④ $\frac{8}{10}+\frac{9}{10}=$

⑤ $\frac{11}{14}+\frac{4}{14}=$

⑥ $\frac{7}{13}+\frac{6}{13}=$

⑦ $\frac{8}{12}+\frac{11}{12}=$

⑧ $\frac{14}{15}+\frac{5}{15}=$

⑨ $\frac{12}{16}+\frac{9}{16}=$

친구들이 자주 틀리는 문제! 앗! 실수

⑩ $\frac{17}{18}+\frac{16}{18}=$

⑪ $\frac{18}{19}+\frac{18}{19}=$

내가 틀린 문제 한 번 더 풀기

☐ + ☐ = ☐

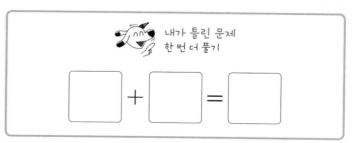

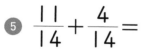

04 자연수끼리, 분수끼리 더하자 (1)

목표 시간 2분

※ 자연수끼리, 분수끼리 계산하세요.

과정을 한 단계 줄여 볼까요?

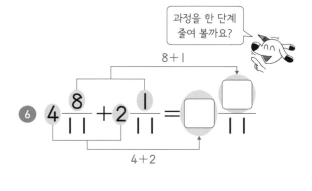

자연수끼리 분수끼리

❶ $1\frac{4}{6}+2\frac{1}{6}=(1+2)+(\frac{4}{6}+\frac{1}{6})$

$=\square+\frac{\square}{6}=\square\frac{\square}{6}$

❻ 8+1 / 4+2

$4\frac{8}{11}+2\frac{1}{11}=\square\frac{\square}{11}$

❷ $2\frac{2}{7}+5\frac{4}{7}=(2+5)+(\frac{2}{7}+\frac{4}{7})$

$=\square+\frac{\square}{7}=\square\frac{\square}{7}$

❼ $3\frac{3}{12}+4\frac{2}{12}=$

❸ $4\frac{1}{8}+1\frac{2}{8}=$

❽ $2\frac{5}{13}+3\frac{4}{13}=$

❹ $1\frac{2}{9}+3\frac{5}{9}=$

❾ $1\frac{6}{14}+1\frac{7}{14}=$

❺ $1\frac{4}{10}+5\frac{3}{10}=$

❿ $6\frac{8}{15}+2\frac{3}{15}=$

목표 시간 2분

❀ 자연수끼리, 분수끼리 계산하세요.

① $1\dfrac{2}{8} + 1\dfrac{5}{8} =$

⑦ $4\dfrac{3}{14} + 2\dfrac{8}{14} =$

아주 잘하고 있어요!
끼리끼리 더하면 되니까
어렵지 않죠?

② $1\dfrac{3}{9} + 2\dfrac{1}{9} =$

⑧ $5\dfrac{2}{15} + 4\dfrac{6}{15} =$

③ $3\dfrac{7}{10} + 4\dfrac{2}{10} =$

⑨ $3\dfrac{8}{16} + 2\dfrac{5}{16} =$

④ $2\dfrac{4}{11} + 3\dfrac{5}{11} =$

⑩ $2\dfrac{4}{17} + 4\dfrac{7}{17} =$

⑤ $4\dfrac{3}{12} + 3\dfrac{4}{12} =$

⑪ $3\dfrac{6}{18} + 1\dfrac{11}{18} =$

⑥ $1\dfrac{5}{13} + 5\dfrac{7}{13} =$

⑫ $4\dfrac{13}{19} + 3\dfrac{4}{19} =$

05 자연수끼리, 분수끼리 더하자 (2)

목표 시간 2분

자연수끼리, 분수끼리 계산하세요.

분수끼리의 합이 가분수이면 대분수로 나타내요.

대분수로 나타내요.

❶ $1\frac{4}{5}+3\frac{2}{5}=4\frac{6}{5}=4+\square\frac{\square}{5}$

$=\square\frac{\square}{5}$

대분수의 분수 부분은 진분수예요!

❷ $2\frac{2}{6}+1\frac{5}{6}=3\frac{\square}{6}=\square\frac{\square}{6}$

❸ $3\frac{6}{7}+5\frac{3}{7}=$

❹ $4\frac{5}{8}+2\frac{6}{8}=$

❺ $2\frac{4}{9}+5\frac{7}{9}=$

❻ $1\frac{9}{10}+3\frac{8}{10}=$

❼ $4\frac{8}{11}+2\frac{3}{11}=$

❽ $3\frac{7}{12}+1\frac{7}{12}=$

❾ $4\frac{6}{13}+3\frac{9}{13}=$

❿ $2\frac{7}{14}+3\frac{10}{14}=$

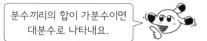

✿ 자연수끼리, 분수끼리 계산하세요.

1. $1\dfrac{3}{6} + 4\dfrac{4}{6} =$

자연수와 가분수로 이루어진 분수를
대분수로 착각하면 안 돼요!

6. $1\dfrac{5}{9} + 2\dfrac{8}{9} =$

2. $3\dfrac{5}{7} + 4\dfrac{6}{7} =$

7. $6\dfrac{9}{12} + 1\dfrac{8}{12} =$

3. $2\dfrac{6}{10} + 4\dfrac{7}{10} =$

8. $1\dfrac{6}{13} + 2\dfrac{11}{13} =$

4. $6\dfrac{4}{8} + 2\dfrac{5}{8} =$

9. $2\dfrac{7}{14} + 3\dfrac{12}{14} =$

5. $1\dfrac{7}{11} + 3\dfrac{8}{11} =$

10. $4\dfrac{14}{15} + 4\dfrac{8}{15} =$

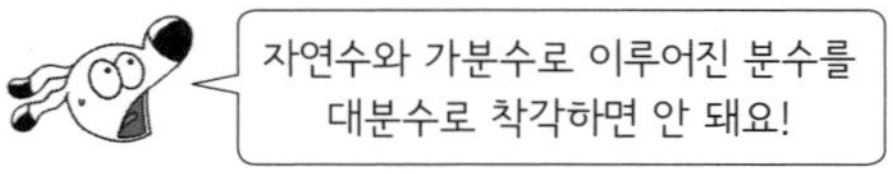

✂ 대분수를 가분수로 나타내세요.

① $1\dfrac{2}{3}$ ➡ $\dfrac{\Box}{3}$

$1\dfrac{2}{3}=\dfrac{3}{3}+\dfrac{2}{3}=\dfrac{5}{3}$

대분수를 가분수로 바꾸는 연습을 먼저 해 볼까요?

② $2\dfrac{4}{5}$ ➡ (   )

③ $1\dfrac{5}{6}$ ➡ (   )

④ $1\dfrac{4}{9}$ ➡ (   )

⑤ $3\dfrac{6}{11}$ ➡ (   )

⑥ $4\dfrac{7}{10}$ ➡ (   )

✂ 대분수를 가분수로 바꾸어 계산하세요.

가분수로 바꿔요.

⑦ $1\dfrac{2}{4}+2\dfrac{1}{4}=\dfrac{\Box}{4}+\dfrac{\Box}{4}$

$=\dfrac{\Box}{4}=\Box\dfrac{\Box}{4}$

계산 결과는 대분수로 나타내요.

⑧ $2\dfrac{1}{5}+4\dfrac{3}{5}=$

⑨ $1\dfrac{2}{6}+3\dfrac{3}{6}=$

⑩ $4\dfrac{2}{7}+1\dfrac{2}{7}=$

⑪ $1\dfrac{3}{8}+3\dfrac{4}{8}=$

교과서에서는 대분수의 덧셈을 2가지 방법으로 모두 연습합니다. 6차시는 대분수를 가분수로 바꾸어 풀어 보세요.

목표 시간 3분

대분수를 가분수로 바꾸어 계산하세요.

① $3\frac{1}{6}+4\frac{1}{6}=\frac{\square}{6}+\frac{\square}{6}$

$=\frac{\square}{6}=\square\frac{\square}{6}$

⑥ $2\frac{6}{11}+4\frac{2}{11}=$

가분수로 바꾸어 푸는 연습도 잘해두면
교과서를 풀 때 자신감이 생길 거예요!

② $4\frac{2}{7}+2\frac{4}{7}=$

⑦ $3\frac{4}{13}+2\frac{5}{13}=$

③ $2\frac{1}{8}+1\frac{4}{8}=$

⑧ $1\frac{2}{12}+3\frac{9}{12}=$

④ $3\frac{2}{10}+2\frac{1}{10}=$

⑨ $4\frac{8}{15}+2\frac{3}{15}=$

⑤ $1\frac{2}{9}+2\frac{5}{9}=$

대분수를 가분수로 쉽게 바꾸는 비법

자연수 부분과 분모를 곱한 값을 살짝 써 놓으세요.

14
$2\frac{1}{7}=\frac{}{7}$ (2×7)

➡

이렇게 분자와 더한 값이 가분수의 분자가 돼요~

14 + 1 = 15
$2\frac{1}{7}=\frac{15}{7}$

07 대분수를 가분수로 바꾸어 더하자 (2)

❀ 대분수를 가분수로 바꾸어 계산하세요.

1 $4\dfrac{2}{4} + 1\dfrac{3}{4} = \dfrac{\boxed{}}{4} + \dfrac{\boxed{}}{4}$

$\boxed{4\dfrac{2}{4} = \dfrac{16+2}{4}}$ $\quad = \dfrac{\boxed{}}{4} = \boxed{}\dfrac{\boxed{}}{4}$

분수끼리 더하는 건 쉬우니까
대분수를 가분수로 바꿀 때
실수하지 않도록 해요~

6 $1\dfrac{8}{9} + 4\dfrac{6}{9} =$

2 $2\dfrac{3}{5} + 2\dfrac{4}{5} =$

7 $2\dfrac{7}{10} + 1\dfrac{6}{10} =$

3 $1\dfrac{5}{6} + 3\dfrac{3}{6} =$

8 $3\dfrac{9}{11} + 1\dfrac{7}{11} =$

4 $1\dfrac{2}{7} + 5\dfrac{5}{7} =$

9 $2\dfrac{3}{12} + 1\dfrac{10}{12} =$

5 $2\dfrac{5}{8} + 3\dfrac{6}{8} =$

10 $1\dfrac{8}{13} + 3\dfrac{12}{13} =$

교과서에서는 대분수의 덧셈을 2가지 방법으로 모두 연습합니다. 7차시는 대분수를 가분수로 바꾸어 풀어 보세요.

목표 시간 3분

※ 대분수를 가분수로 바꾸어 계산하세요.

① $4\frac{4}{5}+3\frac{2}{5}=\frac{\square}{5}+\frac{\square}{5}$
$=\frac{\square}{5}=\square\frac{\square}{5}$

2가지 방법을 모두 연습하면 그때그때
내가 편한 방법으로 풀 수 있겠죠?

② $1\frac{6}{7}+2\frac{4}{7}=$

③ $4\frac{6}{8}+1\frac{7}{8}=$

④ $5\frac{5}{9}+1\frac{8}{9}=$

⑤ $2\frac{7}{10}+2\frac{6}{10}=$

⑥ $1\frac{6}{12}+1\frac{11}{12}=$

⑦ $1\frac{9}{11}+3\frac{4}{11}=$

⑧ $2\frac{7}{15}+3\frac{12}{15}=$

⑨ $2\frac{8}{13}+4\frac{7}{13}=$

⑩ $3\frac{13}{14}+2\frac{8}{14}=$

08 분모가 같은 대분수의 덧셈 한 번 더!

목표 시간 2분

대분수의 덧셈은 가분수로 바꾸어 더하는 것보다 자연수는 자연수끼리, 분수는 분수끼리 더하는 게 쉬워요~

계산하세요.

① $1\frac{2}{5}+6\frac{4}{5}=$

② $1\frac{5}{7}+4\frac{3}{7}=$

③ $2\frac{7}{8}+4\frac{6}{8}=$

④ $2\frac{8}{11}+1\frac{9}{11}=$

⑤ $3\frac{3}{9}+2\frac{6}{9}=$

⑥ $5\frac{5}{13}+3\frac{9}{13}=$

⑦ $1\frac{4}{6}+5\frac{3}{6}=$

⑧ $3\frac{11}{12}+4\frac{6}{12}=$

⑨ $3\frac{8}{10}+1\frac{5}{10}=$

⑩ $1\frac{12}{14}+1\frac{11}{14}=$

⑪ $4\frac{10}{16}+2\frac{9}{16}=$

⑫ $3\frac{3}{15}+6\frac{13}{15}=$

목표 시간 2분

계산하세요.

자연수와 가분수로 이루어진 분수는 대분수가 아니니까 바꿔야겠지요?

❶ $1\frac{3}{6}+4\frac{4}{6}=$

❷ $5\frac{2}{8}+1\frac{7}{8}=$

❸ $1\frac{5}{7}+2\frac{5}{7}=$

❹ $3\frac{2}{12}+1\frac{10}{12}=$

❺ $1\frac{2}{10}+3\frac{9}{10}=$

❻ $1\frac{12}{13}+2\frac{6}{13}=$

❼ $3\frac{8}{14}+1\frac{7}{14}=$

❽ $5\frac{5}{11}+3\frac{9}{11}=$

❾ $2\frac{8}{18}+6\frac{15}{18}=$

친구들이 자주 틀리는 문제! 앗! 실수

❿ $6\frac{18}{19}+4\frac{16}{19}=$

⓫ $4\frac{7}{16}+5\frac{9}{16}=$

내가 틀린 문제 한 번 더 풀기

□ + □ = □

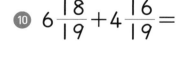

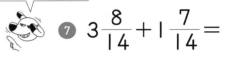

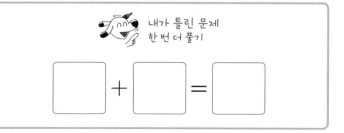

09 분수 부분의 합이 가분수인 (대분수)+(진분수)

목표 시간 2분

※ 계산하세요.

❶ 자연수는 그대로 / 분수끼리 더해요.

$6\frac{4}{7}+\frac{5}{7}=6+\frac{\square}{7}=\square+\square\frac{\square}{7}$

$=\square\frac{\square}{7}$

❷ $2\frac{1}{6}+\frac{5}{6}=$

❸ $5\frac{2}{4}+\frac{3}{4}=$

❹ $7\frac{8}{9}+\frac{6}{9}=$

❺ $3\frac{4}{5}+\frac{2}{5}=$

❻ $2\frac{4}{8}+\frac{7}{8}=$

❼ $6\frac{4}{11}+\frac{8}{11}=$

❽ $2\frac{10}{13}+\frac{11}{13}=$

❾ $4\frac{8}{10}+\frac{9}{10}=$

❿ $3\frac{9}{14}+\frac{5}{14}=$

⓫ $5\frac{8}{12}+\frac{9}{12}=$

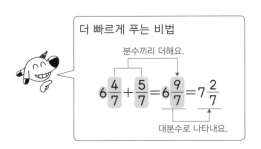

더 빠르게 푸는 비법

분수끼리 더해요.

$6\frac{4}{7}+\frac{5}{7}=6\frac{9}{7}=7\frac{2}{7}$

대분수로 나타내요.

계산하세요.

1. $\frac{4}{7}+8\frac{6}{7}=$

2. $\frac{5}{6}+5\frac{2}{6}=$

3. $\frac{10}{11}+3\frac{10}{11}=$

4. $\frac{3}{5}+7\frac{4}{5}=$

5. $\frac{6}{12}+4\frac{11}{12}=$

6. $\frac{3}{9}+2\frac{8}{9}=$

7. $\frac{7}{8}+3\frac{2}{8}=$

8. $\frac{12}{13}+1\frac{3}{13}=$

9. $\frac{12}{16}+4\frac{11}{16}=$

10. $\frac{9}{10}+5\frac{4}{10}=$

11. $\frac{14}{17}+6\frac{9}{17}=$

12. $\frac{13}{15}+8\frac{4}{15}=$

10 분수 부분의 합이 가분수인 (대분수)+(가분수)

목표 시간 2분

계산하세요.

자연수는 그대로

❶ $3\frac{2}{4}+\frac{5}{4}=\square+\frac{\square}{4}=\square+\square\frac{\square}{4}$

분수끼리 더해요.

$=\square\frac{\square}{4}$

❷ $7\frac{1}{3}+\frac{4}{3}=$

❸ $1\frac{6}{8}+\frac{9}{8}=$

❹ $4\frac{2}{5}+\frac{7}{5}=$

❺ $5\frac{2}{7}+\frac{9}{7}=$

❻ $2\frac{3}{6}+\frac{8}{6}=$

❼ $6\frac{2}{9}+\frac{14}{9}=$

❽ $5\frac{6}{10}+\frac{13}{10}=$

❾ $2\frac{7}{12}+\frac{17}{12}=$

❿ $4\frac{8}{13}+\frac{14}{13}=$

⓫ $7\frac{4}{11}+\frac{15}{11}=$

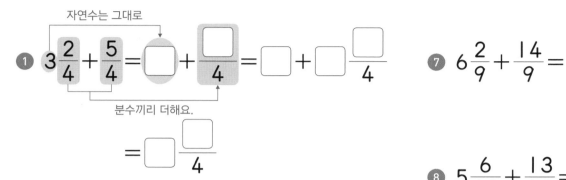

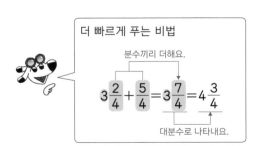

더 빠르게 푸는 비법

분수끼리 더해요.

$3\frac{2}{4}+\frac{5}{4}=3\frac{7}{4}=4\frac{3}{4}$

대분수로 나타내요.

목표 시간 2분

계산하세요.

1. $\frac{6}{4}+6\frac{1}{4}=$

2. $\frac{8}{7}+2\frac{3}{7}=$

3. $\frac{7}{5}+4\frac{1}{5}=$

4. $\frac{7}{6}+8\frac{4}{6}=$

5. $\frac{12}{9}+5\frac{4}{9}=$

6. $\frac{11}{8}+3\frac{4}{8}=$

7. $\frac{11}{9}+4\frac{2}{9}=$

8. $\frac{13}{10}+8\frac{4}{10}=$

9. $\frac{17}{14}+1\frac{8}{14}=$

10. $\frac{19}{11}+6\frac{2}{11}=$

친구들이 자주 틀리는 문제! 앗! 실수

11. $\frac{18}{13}+5\frac{11}{13}=$

계산 결과를 대분수로 나타내는 과정에서 실수가 자주 나와요.

12. $\frac{21}{16}+7\frac{12}{16}=$

11 여러 가지 분수의 덧셈 연습

여기까지 오다니 정말 대단해요!
이제 분수의 덧셈을 모아 풀면서
완벽하게 마무리해요!

✂ 계산하세요.

① $\dfrac{5}{9} + \dfrac{3}{9} =$

⑦ $2\dfrac{3}{7} + \dfrac{11}{7} =$

② $\dfrac{4}{8} + \dfrac{7}{8} =$

⑧ $\dfrac{6}{13} + 3\dfrac{9}{13} =$

③ $\dfrac{9}{11} + \dfrac{6}{11} =$

⑨ $3\dfrac{8}{12} + \dfrac{15}{12} =$

④ $1\dfrac{3}{6} + 3\dfrac{2}{6} =$

⑩ $2\dfrac{11}{16} + 4\dfrac{8}{16} =$

⑤ $3\dfrac{6}{10} + \dfrac{3}{10} =$

⑪ $5\dfrac{9}{14} + 3\dfrac{10}{14} =$

⑥ $4\dfrac{8}{12} + 1\dfrac{4}{12} =$

⑫ $4\dfrac{16}{17} + 3\dfrac{7}{17} =$

목표 시간 2분

빈칸에 알맞은 수를 써넣으세요.

계산 결과가 가분수이면
대분수로 바꾸어 나타내세요~

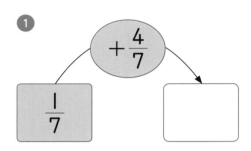

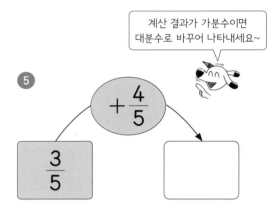

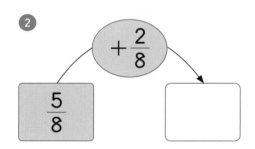

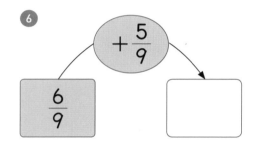

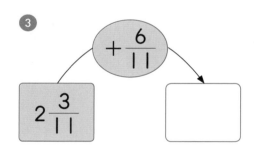

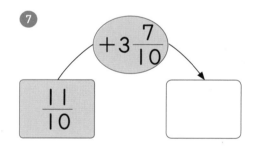

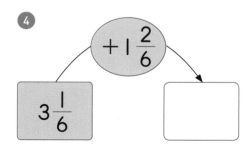

1. $\frac{1}{7}$ $\xrightarrow{+\frac{4}{7}}$ □

2. $\frac{5}{8}$ $\xrightarrow{+\frac{2}{8}}$ □

3. $2\frac{3}{11}$ $\xrightarrow{+\frac{6}{11}}$ □

4. $3\frac{1}{6}$ $\xrightarrow{+1\frac{2}{6}}$ □

5. $\frac{3}{5}$ $\xrightarrow{+\frac{4}{5}}$ □

6. $\frac{6}{9}$ $\xrightarrow{+\frac{5}{9}}$ □

7. $\frac{11}{10}$ $\xrightarrow{+3\frac{7}{10}}$ □

8. $4\frac{8}{15}$ $\xrightarrow{+2\frac{9}{15}}$ □

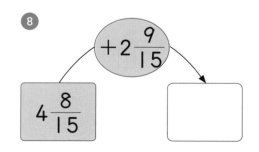

12 생활 속 연산 — 분수의 덧셈

목표 시간 3분

※ 그림을 보고 □ 안에 알맞은 수를 써넣으세요.

1

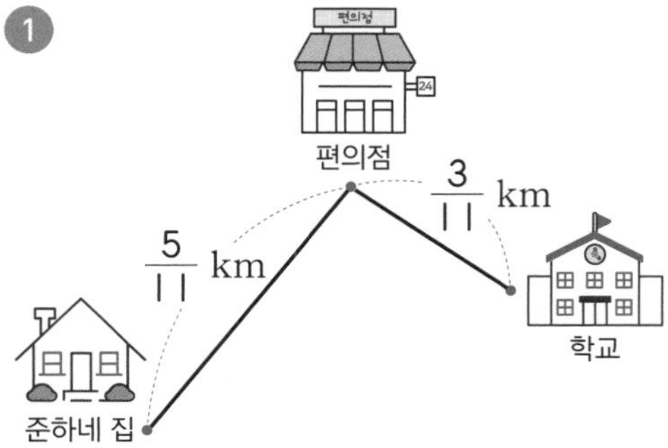

준하네 집에서 편의점을 거쳐 학교까지의 거리는 □ km입니다.

2

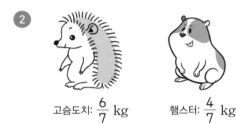

고슴도치: $\frac{6}{7}$ kg

햄스터: $\frac{4}{7}$ kg

재훈이네 집에서 기르는 고슴도치와 햄스터의 무게는 모두 □ kg입니다.

계산 결과가 가분수이면 대분수로 바꾸어 나타내요.

3

밀가루로 빵을 만드는 데 $3\frac{1}{9}$컵, 쿠키를 만드는 데 $1\frac{7}{9}$컵 사용했습니다. 빵과 쿠키를 만드는 데 사용한 밀가루는 모두 □ 컵입니다.

4

동생: $26\frac{4}{5}$ kg

지우의 몸무게는 동생의 몸무게보다 $6\frac{3}{5}$ kg 더 무겁습니다. 지우의 몸무게는 □ kg입니다.

동물들이 농장에서 감자와 고구마를 캐서 바구니에 담았습니다. 가장 무거운 바구니를 찾아 괄호 안에 ○표 하세요.

(　　　　　　)

(　　　　　　)

(　　　　　　)

(　　　　　　)

둘째 마당

분수의 뺄셈

교과서 1. 분수의 덧셈과 뺄셈

💡 바빠 개념 쏙쏙!

☆ 분모가 같은 진분수의 뺄셈

분자끼리 빼요.

$$\frac{7}{8} - \frac{3}{8} = \frac{7-3}{8} = \frac{4}{8}$$

분모는 그대로!

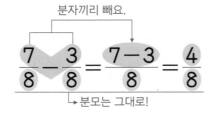

피자 7조각에서 3조각을 먹으면 4조각이 남아요.

샥

$$\frac{7}{8} - \frac{3}{8} = \frac{4}{8}$$

☆ 1−(진분수)

$$1 - \frac{5}{8} = \frac{8}{8} - \frac{5}{8} = \frac{8-5}{8} = \frac{3}{8}$$

1을 가분수로 바꿔요.

피자 한 판에서 5조각을 먹었더니 3조각이 남았네요~

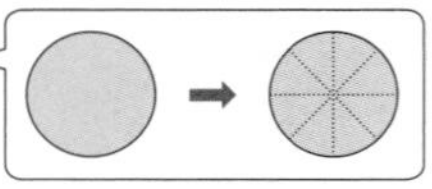

☆ 분모가 같은 대분수의 뺄셈

자연수끼리 빼요.

$$2\frac{3}{4} - 1\frac{1}{4} = (2-1) + \left(\frac{3}{4} - \frac{1}{4}\right)$$

분수끼리 빼요.

$$= 1 + \frac{2}{4} = 1\frac{2}{4}$$

$$2\frac{3}{4}$$

$$1\frac{1}{4}$$

$$1\frac{2}{4}$$

$$2-1=1 \qquad \frac{3}{4} - \frac{1}{4} = \frac{2}{4}$$

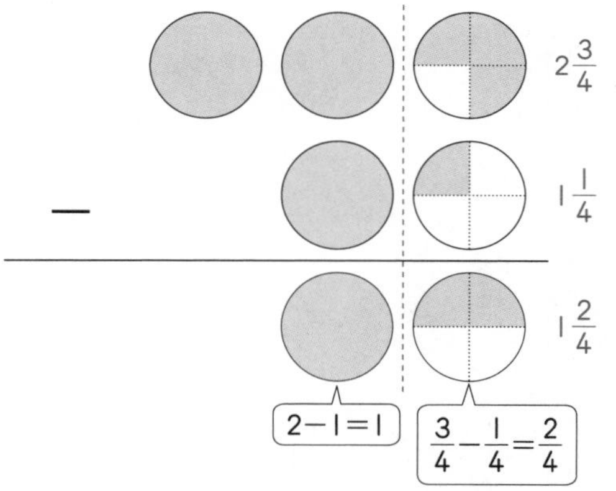

이렇게 계산할 수도 있어요!

대분수를 가분수로 바꿔요.

$$2\frac{3}{4} - 1\frac{1}{4} = \frac{11}{4} - \frac{5}{4} = \frac{6}{4} = 1\frac{2}{4}$$

잠깐! 퀴즈

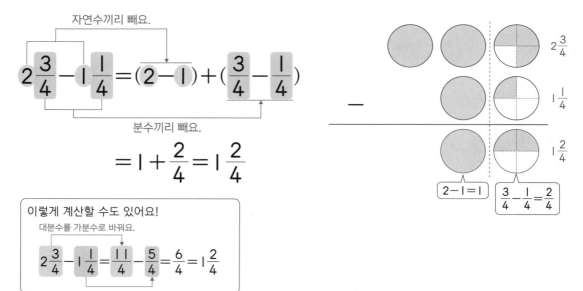

$3\frac{5}{6} - 2\frac{1}{6}$ 을 바르게 계산한 것은 어느 것일까요?

① $\frac{4}{6}$ 　　　　② $1\frac{4}{6}$

13 분모는 그대로! 분자끼리만 빼자

목표 시간 2분

✿ 계산하세요.

분모가 같은 진분수끼리 뺄 때는 분모는 그대로 두고, 분자끼리만 빼요.

① $\frac{3}{5}-\frac{2}{5}=\frac{3-\square}{5}=\frac{\square}{5}$

❷ 분자끼리 빼요.

❶ 분모는 그대로!

② $\frac{4}{6}-\frac{3}{6}=$

③ $\frac{6}{7}-\frac{4}{7}=\frac{\square}{7}$

암산으로 바로 풀어 보세요!

④ $\frac{7}{8}-\frac{2}{8}=$

⑤ $\frac{8}{9}-\frac{4}{9}=$

⑥ $\frac{9}{10}-\frac{2}{10}=$

⑦ $\frac{8}{11}-\frac{6}{11}=$

⑧ $\frac{11}{12}-\frac{6}{12}=$

⑨ $\frac{11}{13}-\frac{4}{13}=$

⑩ $\frac{13}{14}-\frac{8}{14}=$

⑪ $\frac{9}{15}-\frac{2}{15}=$

분모끼리는 빼지 않아요~

⑫ $\frac{14}{16}-\frac{3}{16}=$

😀 계산하세요.

분모 먼저 그대로 써요!
분자끼리만 빼면 되니
어렵지 않죠?

① $\dfrac{5}{7} - \dfrac{1}{7} =$

② $\dfrac{7}{9} - \dfrac{2}{9} =$

③ $\dfrac{6}{8} - \dfrac{3}{8} =$

④ $\dfrac{10}{11} - \dfrac{4}{11} =$

⑤ $\dfrac{9}{10} - \dfrac{6}{10} =$

⑥ $\dfrac{8}{12} - \dfrac{3}{12} =$

⑦ $\dfrac{12}{13} - \dfrac{7}{13} =$

⑧ $\dfrac{14}{15} - \dfrac{6}{15} =$

⑨ $\dfrac{11}{14} - \dfrac{2}{14} =$

⑩ $\dfrac{16}{17} - \dfrac{4}{17} =$

⑪ $\dfrac{15}{18} - \dfrac{10}{18} =$

⑫ $\dfrac{13}{16} - \dfrac{8}{16} =$

14 1을 가분수로 바꾸어 빼자

목표 시간 2분

계산하세요.

1을 분모가 4인 가분수로 바꿔요.

① $1-\frac{1}{4}=\frac{4}{4}-\frac{1}{4}=\frac{\square-\square}{4}=\frac{\square}{4}$

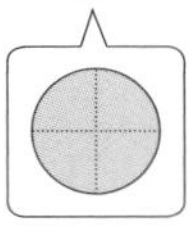

② $1-\frac{2}{5}=$

1을 분모가 5인 가분수로 바꾸어 보세요~

③ $1-\frac{5}{6}=$

과정을 한 단계 줄여 볼까요?

$1=\frac{7}{7}$

④ $1-\frac{3}{7}=\frac{7-3}{7}=\frac{\square}{7}$

⑤ $1-\frac{1}{8}=$

⑥ $1-\frac{4}{9}=$

⑦ $1-\frac{3}{10}=$

⑧ $1-\frac{6}{11}=$

⑨ $1-\frac{5}{12}=$

⑩ $1-\frac{4}{13}=$

⑪ $1-\frac{9}{14}=$

⑫ $1-\frac{11}{15}=$

목표 시간 2분

계산하세요.

$5-1=\boxed{4}$

$1-\frac{1}{5}=\frac{\boxed{4}}{5}$

I에서 진분수를 빼는 문제예요!
분모는 그대로,
분자는 (분모)−(분자)가 돼요.

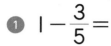

① $1-\frac{3}{5}=$

⑦ $1-\frac{9}{10}=$

② $1-\frac{2}{3}=$

⑧ $1-\frac{8}{11}=$

③ $1-\frac{1}{6}=$

⑨ $1-\frac{2}{8}=$

④ $1-\frac{7}{9}=$

⑩ $1-\frac{3}{14}=$

⑤ $1-\frac{5}{7}=$

⑪ $1-\frac{10}{13}=$

⑥ $1-\frac{11}{12}=$

I을 가분수로 바꿀 때는
분모와 분자가 같은
분수로 나타내야 해요.

⑫ $1-\frac{7}{15}=$

15 자연수끼리, 분수끼리 빼자

목표 시간 2분

자연수끼리, 분수끼리 계산하세요.

❶ $5\frac{3}{5}-2\frac{1}{5}=(5-2)+(\frac{3}{5}-\frac{1}{5})$ (자연수끼리) (분수끼리)

$=\square+\frac{\square}{5}=\square\frac{\square}{5}$

❷ $4\frac{5}{6}-2\frac{4}{6}=(4-2)+(\frac{5}{6}-\frac{4}{6})$

$=\square+\frac{\square}{6}=\square\frac{\square}{6}$

❸ $3\frac{6}{7}-1\frac{2}{7}=$

❹ $7\frac{5}{8}-3\frac{2}{8}=$

❺ $6\frac{8}{9}-4\frac{3}{9}=$

과정을 한 단계 줄여 볼까요?

❻ $3\frac{7}{10}-1\frac{4}{10}=\square\frac{\square}{10}$ (7−4) (3−1)

❼ $6\frac{9}{11}-2\frac{4}{11}=$

❽ $8\frac{10}{12}-5\frac{5}{12}=$

❾ $6\frac{11}{13}-1\frac{5}{13}=$

❿ $8\frac{7}{14}-2\frac{7}{14}=$

$5\frac{4}{7}-2\frac{4}{7}=\cancel{0}$ (5−2=3)

조심! 분수 부분끼리 빼면 0이지만 답이 0은 아니에요.

$5\frac{4}{7}-2\frac{4}{7}=(5-2)+(\frac{4}{7}-\frac{4}{7})$

$=3+0=3$

답은 3이지요!

자연수끼리, 분수끼리 계산하세요.

❶ $6\frac{7}{8}-1\frac{4}{8}=$

❷ $8\frac{6}{9}-3\frac{1}{9}=$

❸ $5\frac{9}{10}-2\frac{2}{10}=$

❹ $4\frac{8}{11}-2\frac{2}{11}=$

❺ $7\frac{11}{12}-3\frac{4}{12}=$

❻ $3\frac{10}{13}-1\frac{7}{13}=$

아주 잘 하고 있어요!
뺄셈도 끼리끼리 빼면 되니까
어렵지 않죠?

❼ $5\frac{11}{14}-2\frac{2}{14}=$

❽ $2\frac{13}{15}-1\frac{5}{15}=$

❾ $9\frac{10}{16}-2\frac{3}{16}=$

❿ $2\frac{15}{17}-1\frac{9}{17}=$

친구들이 자주 틀리는 문제! 앗! 실수

⓫ $3\frac{13}{18}-3\frac{8}{18}=$

⓬ $6\frac{12}{19}-2\frac{12}{19}=$

16 대분수를 가분수로 바꾸어 빼는 연습도 필요해

목표 시간 4분

이번에는 대분수를 가분수로 바꾸어 빼는 연습을 해 봐요.

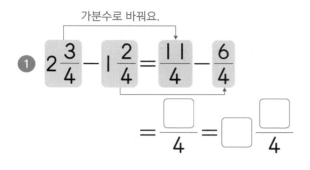

대분수를 가분수로 바꾸어 계산하세요.

가분수로 바꿔요.

❶ $2\frac{3}{4}-1\frac{2}{4}=\frac{11}{4}-\frac{6}{4}$
$=\frac{\square}{4}=\square\frac{\square}{4}$

❷ $3\frac{4}{5}-1\frac{3}{5}=\frac{\square}{5}-\frac{\square}{5}$
$=\frac{\square}{5}=\square\frac{\square}{5}$

❸ $3\frac{5}{6}-2\frac{1}{6}=$

❹ $5\frac{4}{7}-1\frac{2}{7}=$

❺ $7\frac{6}{8}-1\frac{3}{8}=$

❻ $4\frac{7}{9}-2\frac{5}{9}=$

❼ $7\frac{4}{10}-4\frac{1}{10}=$

❽ $8\frac{8}{11}-2\frac{4}{11}=$

❾ $6\frac{9}{12}-1\frac{2}{12}=$

❿ $5\frac{12}{13}-3\frac{7}{13}=$

교과서에서는 대분수의 뺄셈을 2가지 방법으로 모두 연습합니다. 16차시는 대분수를 가분수로 바꾸어 풀어 보세요.

목표 시간 4분

대분수를 가분수로 바꾸어 계산하세요.

❶ $3\frac{5}{7}-1\frac{3}{7}=\frac{\square}{7}-\frac{\square}{7}$
$=\frac{\square}{7}=\square\frac{\square}{7}$

❷ $3\frac{4}{8}-2\frac{1}{8}=$

❸ $5\frac{4}{10}-1\frac{3}{10}=$

❹ $4\frac{5}{9}-2\frac{1}{9}=$

❺ $5\frac{9}{11}-2\frac{3}{11}=$

❻ $4\frac{8}{12}-3\frac{1}{12}=$

가분수로 바꾸어 푸는 연습도 잘해 두면 교과서를 풀 때 자신감이 생길 거예요!

❼ $5\frac{10}{15}-1\frac{3}{15}=$

친구들이 자주 틀리는 문제! 앗! 실수

❽ $4\frac{13}{14}-2\frac{4}{14}=$

❾ $6\frac{11}{13}-3\frac{7}{13}=$

❿ $7\frac{13}{16}-3\frac{8}{16}=$

17 분모가 같은 대분수의 뺄셈 한 번 더!

목표 시간 3분

대분수의 뺄셈은 가분수로 바꾸어 빼는 것보다 자연수는 자연수끼리, 분수는 분수끼리 빼는 게 쉬워요~

계산하세요.

① $3\frac{4}{5}-2\frac{2}{5}=$

② $4\frac{6}{7}-2\frac{3}{7}=$

③ $8\frac{5}{6}-3\frac{4}{6}=$

④ $6\frac{8}{9}-4\frac{6}{9}=$

⑤ $5\frac{7}{8}-1\frac{2}{8}=$

⑥ $7\frac{9}{10}-6\frac{2}{10}=$

⑦ $4\frac{13}{14}-1\frac{8}{14}=$

⑧ $9\frac{7}{11}-2\frac{3}{11}=$

⑨ $8\frac{10}{13}-4\frac{2}{13}=$

⑩ $3\frac{8}{12}-2\frac{3}{12}=$

⑪ $6\frac{11}{15}-4\frac{7}{15}=$

⑫ $7\frac{14}{16}-2\frac{5}{16}=$

계산하세요.

❶ $4\frac{5}{7}-2\frac{1}{7}=$

❷ $5\frac{7}{8}-1\frac{2}{8}=$

❸ $6\frac{8}{9}-3\frac{6}{9}=$

❹ $3\frac{8}{11}-1\frac{2}{11}=$

❺ $5\frac{9}{12}-1\frac{4}{12}=$

❻ $7\frac{6}{10}-2\frac{3}{10}=$

❼ $5\frac{12}{13}-2\frac{3}{13}=$

❽ $4\frac{11}{15}-3\frac{7}{15}=$

친구들이 자주 틀리는 문제! 앗! 실수

❾ $7\frac{14}{16}-4\frac{14}{16}=$

❿ $6\frac{8}{18}-2\frac{8}{18}=$

⓫ $8\frac{15}{17}-8\frac{6}{17}=$

내가 틀린 문제 한 번 더 풀기

□ − □ = □

18 자연수에서 1만큼을 가분수로 바꾸어 빼자

목표 시간 2분

계산하세요.

자연수에서 1만큼을 가분수로 바꾸어 빼는 연습을 해 보세요.

2에서 1만큼을 분모가 4인 가분수로 바꿔요.

① $2-\frac{1}{4}=1\frac{4}{4}-\frac{1}{4}=\square\frac{\square}{4}$

$2=1+\frac{4}{4}=1\frac{4}{4}$

② $4-\frac{3}{5}=3\frac{\square}{5}-\frac{3}{5}=\square\frac{\square}{5}$

③ $3-\frac{5}{6}=$

④ $6-\frac{4}{7}=$

⑤ $4-\frac{3}{8}=$

⑥ $5-\frac{2}{9}=$

⑦ $3-\frac{3}{10}=$

⑧ $2-\frac{6}{11}=$

⑨ $6-\frac{5}{12}=$

⑩ $5-\frac{4}{13}=$

⑪ $8-\frac{9}{14}=$

⑫ $7-\frac{8}{15}=$

목표 시간 2분

계산하세요.

$5-3=\boxed{2}$

$4-\frac{3}{5}=\boxed{3}\frac{\boxed{2}}{5}$

$4-1=\boxed{3}$

1만큼 빌려주니까
자연수는 1 작아져요.
분자는
(분모)−(분자)가 돼요.

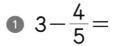

❶ $3-\frac{4}{5}=$

❷ $2-\frac{1}{6}=$

❸ $5-\frac{3}{7}=$

❹ $3-\frac{2}{9}=$

❺ $4-\frac{7}{8}=$

❻ $5-\frac{5}{12}=$

❼ $6-\frac{7}{10}=$

❽ $7-\frac{5}{13}=$

❾ $8-\frac{11}{14}=$

❿ $4-\frac{6}{15}=$

⓫ $5-\frac{9}{11}=$

⓬ $9-\frac{8}{17}=$

19 대분수를 뺄 때도 1만큼을 가분수로!

목표 시간 2분

계산하세요.

자연수에서 1만큼을 가분수로 바꾸어 빼는 연습을 해 보세요.

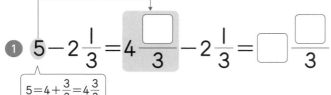

5에서 1만큼을 분모가 3인 가분수로 바꿔요.

① $5-2\frac{1}{3}=4\frac{\square}{3}-2\frac{1}{3}=\square\frac{\square}{3}$

$5=4+\frac{3}{3}=4\frac{3}{3}$

② $7-3\frac{1}{4}=$

③ $9-3\frac{3}{5}=$

④ $6-1\frac{5}{6}=$

⑤ $5-2\frac{4}{7}=$

⑥ $8-2\frac{7}{8}=$

⑦ $3-1\frac{5}{9}=$

⑧ $9-2\frac{1}{10}=$

⑨ $7-2\frac{4}{11}=$

⑩ $4-1\frac{7}{12}=$

⑪ $6-3\frac{2}{13}=$

⑫ $8-5\frac{5}{14}=$

계산하세요.

자연수에서 1만큼을
가분수로 바꾸어 풀어 보세요.

① $3-1\frac{4}{7}=$ ($2\frac{7}{7}$)

② $8-3\frac{1}{6}=$

③ $9-4\frac{3}{8}=$

④ $5-1\frac{1}{10}=$

⑤ $4-2\frac{5}{9}=$

⑥ $6-3\frac{11}{12}=$

⑦ $7-3\frac{9}{11}=$

⑧ $5-1\frac{7}{16}=$

⑨ $4-2\frac{11}{14}=$

⑩ $6-1\frac{6}{13}=$

⑪ $8-3\frac{2}{15}=$

⑫ $7-6\frac{9}{17}=$

20 자연수 부분에서 1만큼을 가분수로 바꾸어 빼자

목표 시간 3분

자연수끼리, 분수끼리 계산하세요.

❷ I+3=4가 돼요.

① $4\frac{1}{3}-1\frac{2}{3}=3\frac{4}{3}-1\frac{2}{3}$

❶ I만큼을 가분수로 바꾸면 I 작아져요.

$=\square\frac{\square}{3}$

❸ 자연수끼리, 분수끼리 빼요.

분수끼리 뺄 수 없으면 자연수 부분에서 I만큼을 가분수로 바꾸어 풀어 보세요.

② $3\frac{2}{4}-2\frac{3}{4}=$

③ $8\frac{1}{5}-4\frac{2}{5}=$

④ $5\frac{2}{6}-2\frac{3}{6}=$

⑤ $7\frac{1}{7}-3\frac{2}{7}=$

⑥ $6\frac{2}{8}-1\frac{5}{8}=$

⑦ $5\frac{2}{9}-3\frac{7}{9}=$

⑧ $9\frac{5}{10}-4\frac{6}{10}=$

⑨ $8\frac{2}{11}-6\frac{3}{11}=$

⑩ $6\frac{5}{12}-2\frac{10}{12}=$

⑪ $9\frac{8}{13}-2\frac{11}{13}=$

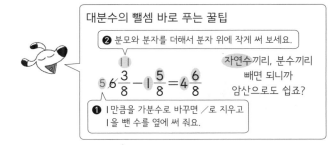

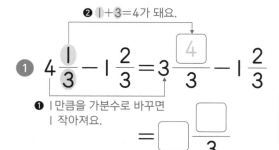

대분수의 뺄셈 바로 푸는 꿀팁

❷ 분모와 분자를 더해서 분자 위에 작게 써 보세요.

$\overset{5}{\cancel{6}}\frac{\overset{11}{3}}{8}-1\frac{5}{8}=4\frac{6}{8}$

❶ I만큼을 가분수로 바꾸면 ／로 지우고 I을 뺀 수를 옆에 써 줘요.

자연수끼리, 분수끼리 빼면 되니까 암산으로도 쉽죠?

3분

✖ 자연수끼리, 분수끼리 계산하세요.

① $4\frac{1}{7} - 1\frac{3}{7} =$ (with 8 above the 1, 3 below the 4)

앞의 꿀팁처럼 계산 속도를
올려 볼까요?

⑦ $5\frac{3}{14} - 2\frac{8}{14} =$

② $3\frac{2}{9} - 2\frac{4}{9} =$

⑧ $3\frac{10}{15} - 1\frac{12}{15} =$

③ $5\frac{2}{10} - 3\frac{5}{10} =$

⑨ $7\frac{7}{13} - 3\frac{10}{13} =$

④ $7\frac{4}{8} - 1\frac{7}{8} =$

⑩ $4\frac{14}{17} - 2\frac{16}{17} =$

⑤ $8\frac{6}{11} - 2\frac{8}{11} =$

⑪ $9\frac{5}{16} - 5\frac{12}{16} =$

⑥ $6\frac{4}{12} - 4\frac{11}{12} =$

⑫ $6\frac{2}{18} - 3\frac{13}{18} =$

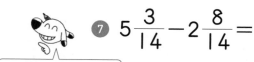

21 대분수를 가분수로 바꾸어 빼는 연습하기

목표 시간 4분

※ 대분수를 가분수로 바꾸어 계산하세요.

대분수를 모두 가분수로 바꾸어 빼는 방법도 연습해 봐요.

가분수로 바꿔요.

❶ $3\frac{1}{3}-1\frac{2}{3}=\frac{\square}{3}-\frac{\square}{3}$

$3\frac{1}{3}=\frac{9+1}{3}$

$=\frac{\square}{3}=\square\frac{\square}{3}$

❷ $5\frac{1}{4}-2\frac{2}{4}=$

❸ $4\frac{3}{5}-3\frac{4}{5}=$

❹ $6\frac{1}{6}-4\frac{2}{6}=$

❺ $5\frac{2}{7}-3\frac{5}{7}=$

❻ $3\frac{4}{8}-2\frac{7}{8}=$

❼ $5\frac{3}{9}-1\frac{4}{9}=$

❽ $8\frac{2}{10}-6\frac{7}{10}=$

❾ $7\frac{6}{11}-4\frac{9}{11}=$

❿ $6\frac{3}{12}-5\frac{8}{12}=$

교과서에서는 대분수의 뺄셈을 2가지 방법으로 모두 연습합니다. 21차시는 대분수를 가분수로 바꾸어 풀어 보세요.

목표 시간 4분

대분수를 가분수로 바꾸어 계산하세요.

① $6\frac{1}{4}-2\frac{2}{4}=\frac{\square}{4}-\frac{\square}{4}$

$=\frac{\square}{4}=\square\frac{\square}{4}$

② $5\frac{1}{7}-1\frac{6}{7}=$

③ $7\frac{2}{5}-4\frac{3}{5}=$

④ $4\frac{3}{8}-2\frac{6}{8}=$

⑤ $8\frac{2}{10}-3\frac{5}{10}=$

⑥ $4\frac{6}{11}-1\frac{7}{11}=$

2가지 방법을 모두 연습하면 그때그때 내가 편한 방법으로 풀 수 있겠죠?

⑦ $7\frac{1}{12}-2\frac{8}{12}=$

⑧ $6\frac{2}{13}-4\frac{12}{13}=$

친구들이 자주 틀리는 문제! 앗! 실수

⑨ $5\frac{8}{14}-2\frac{9}{14}=$

⑩ $6\frac{2}{16}-3\frac{11}{16}=$

22 분수 부분끼리 뺄 수 없는 대분수의 뺄셈 한 번 더!

목표 시간 3분

※ 계산하세요.

헷갈린 문제가 있으면 ☆ 표시를 하고 한 번 더 풀어 봐요.

❶ $8\frac{2}{5}-1\frac{4}{5}=$

❷ $5\frac{1}{8}-2\frac{2}{8}=$

❸ $2\frac{3}{7}-1\frac{6}{7}=$

❹ $3\frac{5}{9}-2\frac{7}{9}=$

❺ $4\frac{6}{10}-1\frac{9}{10}=$

❻ $6\frac{4}{6}-3\frac{5}{6}=$

❼ $4\frac{1}{12}-2\frac{8}{12}=$

❽ $6\frac{2}{11}-2\frac{4}{11}=$

❾ $9\frac{5}{14}-6\frac{8}{14}=$

❿ $5\frac{7}{15}-1\frac{14}{15}=$

⓫ $4\frac{9}{13}-2\frac{11}{13}=$

⓬ $6\frac{5}{16}-5\frac{8}{16}=$

목표 시간 3분

계산하세요.

❶ $5\frac{2}{4}-1\frac{3}{4}=$

❷ $6\frac{1}{7}-3\frac{6}{7}=$

❸ $8\frac{3}{9}-1\frac{7}{9}=$

❹ $7\frac{3}{6}-5\frac{4}{6}=$

❺ $4\frac{6}{11}-1\frac{9}{11}=$

❻ $9\frac{2}{8}-2\frac{3}{8}=$

❼ $6\frac{3}{12}-4\frac{4}{12}=$

❽ $3\frac{4}{16}-2\frac{13}{16}=$

친구들이 자주 틀리는 문제! 앗! 실수

❾ $8\frac{7}{17}-2\frac{15}{17}=$

❿ $6\frac{8}{14}-5\frac{11}{14}=$

⓫ $4\frac{3}{18}-2\frac{16}{18}=$

내가 틀린 문제 한 번 더 풀기

☐ − ☐ = ☐

23 분수 부분끼리 뺄 수 없는 (대분수)−(진분수)

목표 시간 3분

계산하세요.

분수끼리 뺄 수 없으면 자연수 부분에서 1만큼을 가분수로 바꾸어 풀어 보세요.

❷ 1+3=4가 돼요.

① $6\frac{1}{3}-\frac{2}{3}=5\frac{4}{3}-\frac{2}{3}=\square\frac{\square}{3}$

❶ 1만큼을 가분수로 바꾸면 1 작아져요.

❸ 자연수는 그대로 쓰고, 분수끼리 빼요.

② $2\frac{2}{4}-\frac{3}{4}=\square\frac{\square}{4}-\frac{3}{4}=\square\frac{\square}{4}$

③ $3\frac{1}{5}-\frac{4}{5}=$

④ $5\frac{3}{6}-\frac{4}{6}=$

⑤ $3\frac{4}{7}-\frac{6}{7}=$

⑥ $4\frac{2}{8}-\frac{5}{8}=$

⑦ $4\frac{2}{9}-\frac{7}{9}=$

⑧ $3\frac{5}{10}-\frac{8}{10}=$

⑨ $6\frac{8}{11}-\frac{9}{11}=$

⑩ $8\frac{6}{12}-\frac{11}{12}=$

⑪ $7\frac{7}{13}-\frac{10}{13}=$

(대분수)−(진분수) 바로 푸는 꿀팁

❷ 분모와 분자를 더해서 분자 위에 작게 써 보세요.

$\overset{2}{\cancel{3}}\frac{\overset{11}{3}}{8}-\frac{6}{8}=2\frac{5}{8}$

❶ 1만큼을 가분수로 바꾸면 ╱로 지우고 1을 뺀 수를 옆에 써 줘요.

자연수는 그대로, 분수끼리 빼면 되니까 암산으로도 쉽죠?

목표 시간 3분

계산하세요.

$3\frac{1}{4}$을 $\frac{13}{4}$으로 바꾸는
방법으로 풀어도 좋아요~

❶ $3\frac{1}{4}-\frac{2}{4}=$

$2\frac{5}{4}$

❷ $2\frac{2}{5}-\frac{4}{5}=$

❸ $1\frac{1}{10}-\frac{4}{10}=$

❹ $4\frac{3}{8}-\frac{6}{8}=$

❺ $7\frac{2}{6}-\frac{3}{6}=$

❻ $4\frac{3}{11}-\frac{10}{11}=$

❼ $4\frac{3}{7}-\frac{6}{7}=$

❽ $2\frac{5}{10}-\frac{8}{10}=$

❾ $7\frac{1}{9}-\frac{6}{9}=$

❿ $3\frac{4}{13}-\frac{8}{13}=$

⓫ $5\frac{2}{12}-\frac{9}{12}=$

⓬ $6\frac{1}{14}-\frac{10}{14}=$

24 분수 부분끼리 뺄 수 없는 (대분수)−(가분수)

목표 시간 3분

계산하세요.

분수끼리 뺄 수 없으면
자연수 부분에서 1만큼을
가분수로 바꾸어 풀어 보세요.

❶ $4\frac{2}{3}-\frac{4}{3}=3\frac{5}{3}-\frac{4}{3}=\square\frac{\square}{3}$

❶ 1만큼을 가분수로 바꾸면 1 작아져요.

❷ 2+3=5가 돼요.

❸ 자연수는 그대로 쓰고, 분수끼리 빼요.

❷ $2\frac{2}{4}-\frac{5}{4}=\square\frac{\square}{4}-\frac{5}{4}=\square\frac{\square}{4}$

❸ $3\frac{2}{5}-\frac{7}{5}=$

❹ $5\frac{4}{6}-\frac{9}{6}=$

❺ $3\frac{3}{7}-\frac{8}{7}=$

❻ $4\frac{6}{8}-\frac{13}{8}=$

❼ $4\frac{3}{9}-\frac{10}{9}=$

❽ $3\frac{5}{10}-\frac{12}{10}=$

❾ $6\frac{8}{11}-\frac{13}{11}=$

❿ $8\frac{10}{12}-\frac{15}{12}=$

⓫ $4\frac{7}{13}-\frac{14}{13}=$

⓬ $5\frac{3}{14}-\frac{16}{14}=$

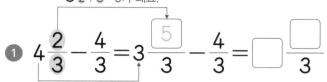

목표 시간 3분

계산하세요.

$2\frac{3}{6}$을 $\frac{15}{6}$로 바꾸는 방법으로 풀어도 좋아요~

❶ $2\frac{3}{6}-\frac{8}{6}=$

$1\frac{9}{6}$

❷ $3\frac{4}{5}-\frac{7}{5}=$

❸ $8\frac{2}{4}-\frac{5}{4}=$

❹ $4\frac{6}{8}-\frac{11}{8}=$

❺ $5\frac{6}{9}-\frac{13}{9}=$

❻ $6\frac{5}{7}-\frac{10}{7}=$

❼ $1\frac{11}{15}-\frac{18}{15}=$

❽ $2\frac{8}{14}-\frac{17}{14}=$

❾ $4\frac{10}{13}-\frac{20}{13}=$

❿ $5\frac{9}{11}-\frac{16}{11}=$

⓫ $7\frac{8}{12}-\frac{15}{12}=$

⓬ $6\frac{12}{16}-\frac{15}{16}=$

25 여러 가지 분수의 뺄셈 연습

목표 시간 3분

여기까지 오다니 정말 대단해요!
이제 분수의 뺄셈을 모아 풀면서
완벽하게 마무리해요!

계산하세요.

① $\frac{8}{9}-\frac{2}{9}=$

② $1-\frac{7}{10}=$

③ $3\frac{6}{7}-1\frac{4}{7}=$

④ $5\frac{11}{12}-3\frac{6}{12}=$

⑤ $7\frac{12}{13}-2\frac{3}{13}=$

⑥ $8\frac{15}{16}-4\frac{6}{16}=$

⑦ $3-\frac{7}{8}=$

⑧ $7-2\frac{4}{11}=$

⑨ $4\frac{2}{6}-\frac{3}{6}=$

⑩ $8\frac{1}{10}-6\frac{8}{10}=$

⑪ $9\frac{7}{15}-3\frac{14}{15}=$

⑫ $6\frac{9}{18}-\frac{20}{18}=$

빈칸에 알맞은 수를 써넣으세요.

❶ $\frac{7}{10}$ → $-\frac{4}{10}$ → □

❷ $6\frac{7}{9}$ → $-5\frac{2}{9}$ → □

❸ 5 → $-\frac{4}{11}$ → □

❹ 4 → $-1\frac{5}{6}$ → □

❺ $5\frac{2}{7}$ → $-2\frac{4}{7}$ → □

❻ $3\frac{3}{12}$ → $-2\frac{8}{12}$ → □

❼ $6\frac{5}{14}$ → $-\frac{8}{14}$ → □

❽ $7\frac{6}{8}$ → $-\frac{11}{8}$ → □

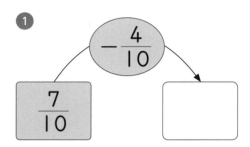

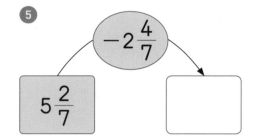

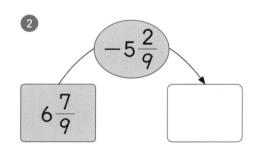

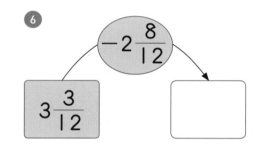

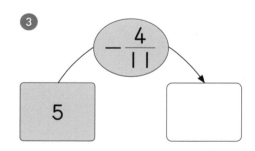

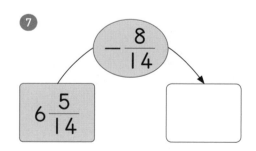

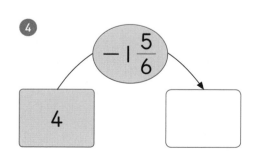

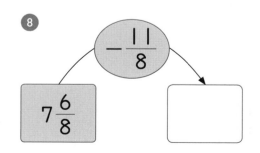

26 생활 속 연산 — 분수의 뺄셈

※ 그림을 보고 □ 안에 알맞은 수를 써넣으세요.

❶

분수 나라 공주의 머리카락의 길이는 1 m입니다. 이 중 $\frac{5}{12}$ m를 자르면 공주의 머리카락의 길이는 □ m가 됩니다.

❷

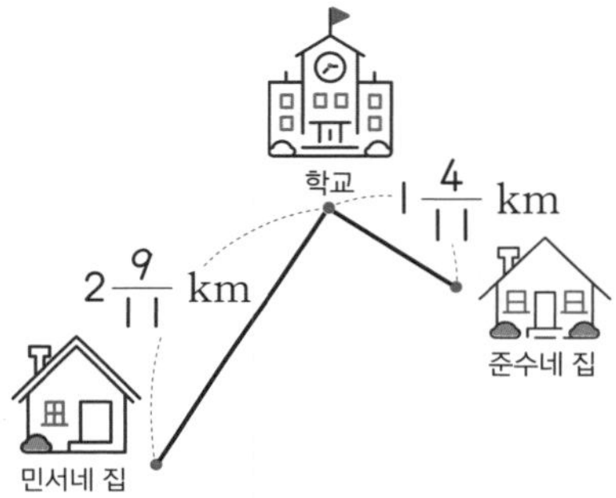

학교에서 민서네 집까지의 거리는 학교에서 준수네 집까지의 거리보다 □ km 더 멉니다.

❸

준수: $42\frac{1}{6}$ kg

현지의 몸무게는 준수의 몸무게보다 $3\frac{2}{6}$ kg 더 가볍습니다. 현지의 몸무게는 □ kg입니다.

❹

딸기 $5\frac{3}{7}$ kg 중 $\frac{6}{7}$ kg으로 딸기잼을 만들었습니다. 남은 딸기는 □ kg입니다.

※ 물뿌리개에 담긴 물로 화분에 적힌 양만큼 물을 주려 합니다. 화분에 물을 주면 물은 몇 L가 남을까요? 선으로 이어 보세요.

$\frac{7}{8}-\frac{5}{8}$

물뿌리개	화분		남은 물
$\frac{7}{8}$ L	$\frac{5}{8}$ L	• •	$\frac{5}{8}$ L
2 L	$\frac{6}{8}$ L	• •	$\frac{2}{8}$ L
$1\frac{4}{8}$ L	$\frac{7}{8}$ L	• •	$1\frac{7}{8}$ L
$3\frac{3}{8}$ L	$1\frac{4}{8}$ L	• •	$1\frac{2}{8}$ L

수고했어~
여기 꿀떡!

셋째 마당 소수

교과서 3. 소수의 덧셈과 뺄셈

바빠 개념 쏙쏙!

✪ 소수 두 자리 수

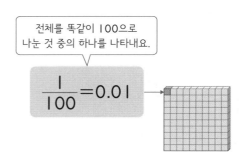

전체를 똑같이 100으로 나눈 것 중의 하나를 나타내요.

$\frac{1}{100}=0.01$

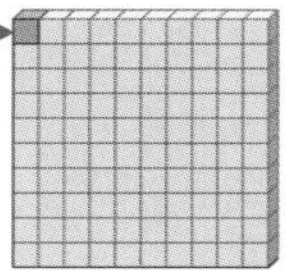

• 분수 $\frac{1}{100}$은 소수로 0.01이라 쓰고, 영 점 영일이라고 읽습니다.

• 2.63은 이 점 육삼이라고 읽습니다.

일의 자리	.	소수 첫째 자리	소수 둘째 자리
이 2	점 .	육 6	삼 3
2		0.6	0.03

나타내는 수

'이 점 육십삼'이라고 읽으면 안 돼요! 소수점 아래는 숫자만 차례로 읽어요.

✪ 소수 세 자리 수

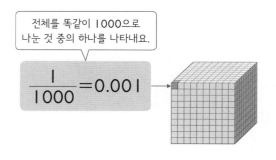

전체를 똑같이 1000으로 나눈 것 중의 하나를 나타내요.

$\frac{1}{1000}=0.001$

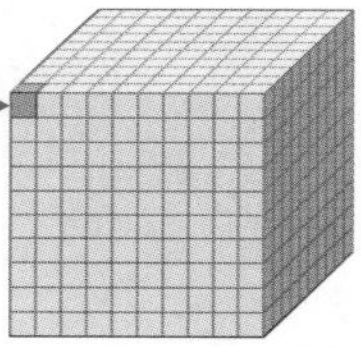

• 분수 $\frac{1}{1000}$은 소수로 0.001이라 쓰고, 영 점 영영일이라고 읽습니다.

• 7.586은 칠 점 오팔육이라고 읽습니다.

일의 자리	.	소수 첫째 자리	소수 둘째 자리	소수 셋째 자리
칠 7	점 .	오 5	팔 8	육 6
7		0.5	0.08	0.006

'칠∨점∨오팔육'
띄어쓰기에 주의하세요~

잠깐! 퀴즈

2.508을 바르게 읽은 것은 어느 것일까요?

① 이 점 오백팔 ② 이 점 오공팔 ③ 이 점 오영팔

정답 ③

27 분수를 소수로 나타낼 수 있어

목표 시간 2분

※ 분수를 소수로 나타내세요.

$\frac{1}{100} = 0.01$ 우리는 크기가 같아요.

① $\frac{1}{10}$ ➡ (0.1)
0이 1개 / 소수점 뒤에 숫자 1개

② $\frac{3}{10}$ ➡ ( )

③ $\frac{1}{100}$ ➡ (0.01)
0이 2개 / 소수점 뒤에 숫자 2개

④ $\frac{4}{100}$ ➡ ( )

⑤ $\frac{1}{1000}$ ➡ (0.001)
0이 3개 / 소수점 뒤에 숫자 3개

⑥ $\frac{6}{1000}$ ➡ ( )

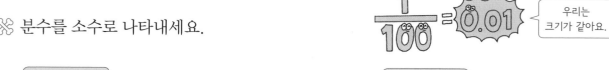

분모의 0의 수만큼 소수점 뒤에 숫자가 있다고 생각하면 쉬워요~

⑦ $\frac{12}{10}$ ➡ ( )

⑧ $\frac{27}{10}$ ➡ ( )

⑨ $\frac{35}{100}$ ➡ ( )

⑩ $\frac{52}{100}$ ➡ ( )

⑪ $\frac{413}{1000}$ ➡ ( )

⑫ $\frac{628}{1000}$ ➡ ( )

분수를 소수로 나타내세요.

1 $2\dfrac{1}{10}$ → (2.1)

자연수는 그대로 써요.

자연수 부분을 먼저 써놓고,
분수 부분을 소수로 바꾸어 보세요~

7 $2\dfrac{1}{1000}$ → (2.001)

2 $1\dfrac{5}{10}$ → (   )

8 $4\dfrac{6}{1000}$ → (   )

3 $4\dfrac{7}{10}$ → (   )

9 $1\dfrac{13}{1000}$ → (   )

4 $3\dfrac{1}{100}$ → (3.01)

10 $3\dfrac{28}{1000}$ → (   )

5 $2\dfrac{9}{100}$ → (   )

11 $7\dfrac{365}{1000}$ → (   )

6 $6\dfrac{23}{100}$ → (   )

12 $5\dfrac{408}{1000}$ → (   )

28 소수의 각 자리 숫자가 나타내는 수

목표 시간 3분

각 자리 숫자가 나타내는 수를 써넣으세요.

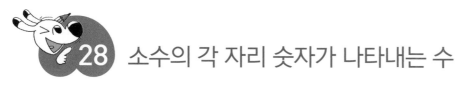

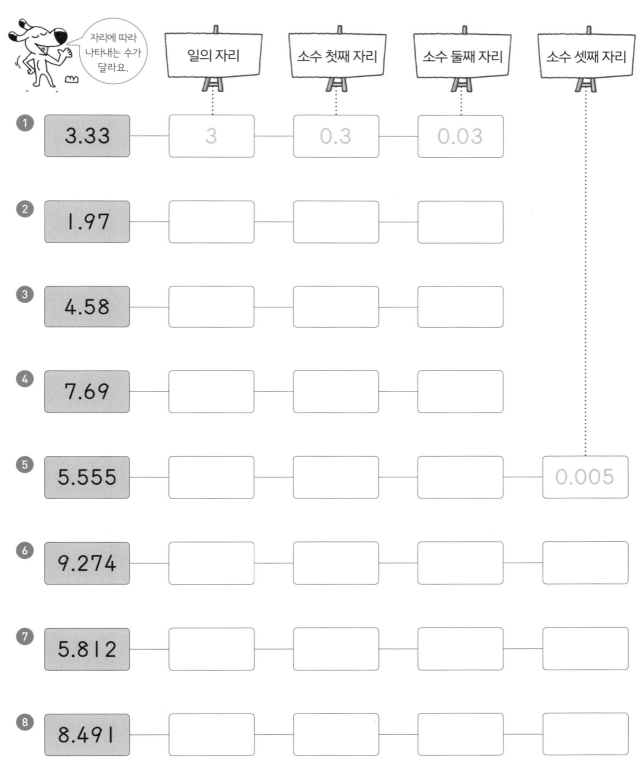

		일의 자리	소수 첫째 자리	소수 둘째 자리	소수 셋째 자리
1	3.33	3	0.3	0.03	
2	1.97				
3	4.58				
4	7.69				
5	5.555				0.005
6	9.274				
7	5.812				
8	8.491				

목표 시간 3분

빈칸에 알맞은 수를 써넣으세요.

1 0.01이 4인 수 → □.□□
소수 두 자리 / 소수 두 자리

2 0.01이 9인 수 → □

3 0.01이 ■▲인 수 ➡ 0.■▲

0.01이 15인 수 → □

4 0.01이 27인 수 → □

5 오른쪽 끝자리 0은 생략할 수 있어요.
0.01이 10인 수 ➡ 0.10=0.1

0.01이 50인 수 → □

6 0.01이 90인 수 → □

0.001이 1인 수 ➡ 0.001
0.001이 12인 수 ➡ 0.012
0.001이 123인 수 ➡ 0.123

7 0.001이 6인 수 → □.□□□
소수 세 자리 / 소수 세 자리

8 0.001이 13인 수 → □

9 0.001이 49인 수 → □

10 0.001이 124인 수 → □

친구들이 자주 틀리는 문제! 앗! 실수

11 0.01이 137인 수 → □

12 0.001이 80인 수 → □

29 소수점 아래는 숫자만 읽자

목표 시간 3분

□ 안에 알맞은 수를 쓰고 주어진 수를 읽어 보세요.

❶ 3.74는 1이 [3], 0.1이 [7], 0.01이 [4]인 수입니다.

읽기 삼 점 칠사

소수점 ← 소수점 아래는 자릿값을 읽지 않고 숫자만 차례로 읽어요.

❷ 5.48은 1이 □, □이 4, □이 8인 수입니다.

읽기 ______

❸ 4.02는 1이 □, 0.01이 □인 수입니다.

읽기 ______

주의! 소수점 아래 0은 '공'이 아니라 '영'이라고 읽어요.

❹ 2.583은 1이 2, 0.1이 □, 0.01이 □, 0.001이 □인 수입니다.

읽기 ______

❺ 8.619는 1이 8, □이 6, □이 1, 0.001이 □인 수입니다.

읽기 ______

❻ 0.706은 □이 7, □이 6인 수입니다.

읽기 ______

목표 시간 3분

다음이 나타내는 수를 쓰고 읽어 보세요.

1 0.1이 5, 0.01이 3인 수

쓰기 0.53

읽기 영 점 오삼

2 0.01이 8, 0.001이 2인 수

쓰기

읽기

0.1인 수가 없고 0.01에서 받아올림한 수도 없으면 소수 첫째 자리 숫자가 0이라는 뜻이에요~

3 1이 4, 0.01이 6인 수

쓰기

읽기

주의! 소수 첫째 자리에 0을 써야 해요.

4 1이 7, 0.01이 24인 수

쓰기

읽기

5 0.1이 1, 0.01이 6, 0.001이 8인 수

쓰기

읽기

6 1이 3, 0.1이 9, 0.01이 1, 0.001이 4인 수

쓰기

읽기

7 1이 5, 0.001이 6인 수

쓰기

읽기

친구들이 자주 틀리는 문제! 앗! 실수

8 0.1이 2, 0.001이 9인 수

쓰기

읽기

30 몇 작은 수와 몇 큰 수 구하기

목표 시간 2분

빈칸에 알맞은 수를 써넣으세요.

어느 자리 숫자가 바뀔지 밑줄을 긋고 생각하면 더 쉬워요!

❶ [ ] ← 1 작은 수 — 5.27 — 1 큰 수 → [ ]

❷ [ ] ← 0.1 작은 수 — 6.84 — 0.1 큰 수 → [ ]

소수 첫째 자리 숫자가 1 작은 수는?

소수 첫째 자리 숫자가 1 큰 수는?

❸ [ ] ← 0.01 작은 수 — 3.162 — 0.01 큰 수 → [ ]

소수 둘째 자리 숫자가 1 작은 수는?

소수 둘째 자리 숫자가 1 큰 수는?

❹ [ ] ← 0.001 작은 수 — 1.547 — 0.001 큰 수 → [ ]

친구들이 자주 틀리는 문제! 앗! 실수

❺ [ ] ← 0.001 작은 수 — 6.239 — 0.001 큰 수 → [ ]

주의! 두 자리 수가 바뀌어서 실수하기 쉬워요.

❻ [ ] ← 0.01 작은 수 — 4.308 — 0.01 큰 수 → [ ]

❼ [ ] ← 0.1 작은 수 — 5.072 — 0.1 큰 수 → [ ]

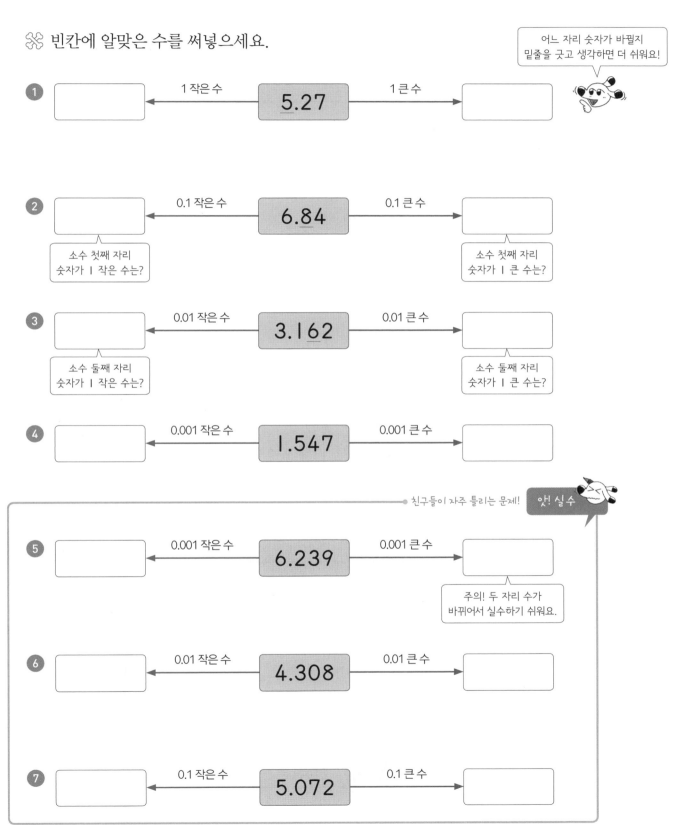

목표 시간 3분

빈칸에 알맞은 수를 써넣으세요.

❶

작은 수		수		큰 수
☐	← 1 작은 수	7.364	1 큰 수 →	☐
☐	← 0.1 작은 수		0.1 큰 수 →	☐
☐	← 0.01 작은 수		0.01 큰 수 →	☐
☐	← 0.001 작은 수		0.001 큰 수 →	☐

❷

작은 수		수		큰 수
☐	← 1 작은 수	1.279	1 큰 수 →	☐
☐	← 0.1 작은 수		0.1 큰 수 →	☐
☐	← 0.01 작은 수		0.01 큰 수 →	☐
☐	← 0.001 작은 수		0.001 큰 수 →	☐

주의! 두 자리 수가 바뀌어서 실수하기 쉬워요.

친구들이 자주 틀리는 문제! 앗! 실수

❸

작은 수		수		큰 수
☐	← 0.1 작은 수	4.906	0.1 큰 수 →	☐
☐	← 0.01 작은 수		0.01 큰 수 →	☐

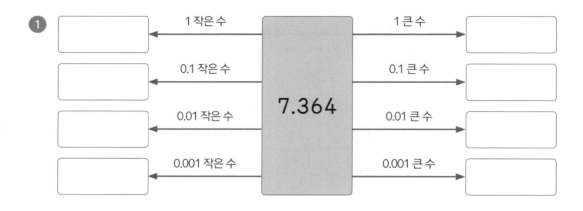

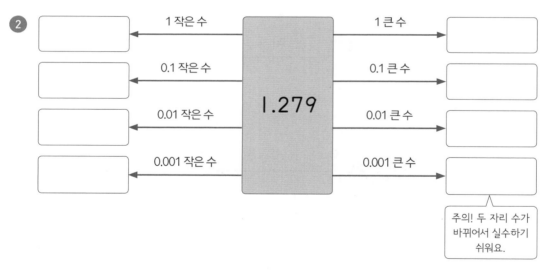

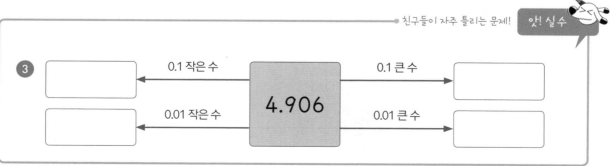

31 높은 자리부터 차례로 비교하자

목표 시간 2분

※ 두 수의 크기를 비교하여 ○ 안에 >, =, <를 알맞게 써넣으세요.

❶ 4.83 ○ 5.24

4<5

자연수 부분부터 차례로 비교해 봐요~

❷ 3.91 ○ 3.63

9>6

자연수 부분이 같으면
소수 첫째 자리 수를 비교해요.

❸ 0.416 ○ 0.418

❹ 3.105 ○ 2.958

❺ 1.749 ○ 1.751

❻ 6.751 ○ 6.734

❼ 0.2 ○ 0.20

소수의 오른쪽 끝자리 0은
생략할 수 있어요.

❽ 5.240 ○ 5.24

❾ 0.31 ○ 0.301

0.310으로 생각하고
비교해 보세요~

❿ 2.75 ○ 2.749

⓫ 4.258 ○ 4.28

⓬ 7.03 ○ 7.3

목표 시간 3분

※ 두 수의 크기를 비교하여 ○ 안에 >, =, <를 알맞게 써넣으세요.

❶ 0.03 ○ $\frac{3}{100}$

분수를 소수로 바꾸어 비교해 보세요~

❼ 4.037 ○ 4.307

① ②③④ ① ②③④

헷갈리면 자연수 부분부터 차례로 번호를 붙이고 비교해 봐요!

❷ 0.05 ○ $\frac{5}{1000}$

❽ 5.06 ○ 5.006

❸ $\frac{34}{100}$ ○ 0.034

❾ 0.199 ○ 0.21

❹ $\frac{476}{1000}$ ○ 4.76

❿ 7.52 ○ 7.499

❺ 3.59 ○ 35.9

⑥ 12.43 ○ 1.243

친구들이 자주 틀리는 문제! 앗! 실수

⓫ 2.999 ○ 10.08

⓬ 1.389 ○ 1.398

32 소수점이 이동하는 규칙 알아보기 (1)

목표 시간 2분

빈칸에 알맞은 수를 써넣으세요.

> 소수를 10배 하면 소수점을 오른쪽으로 한 칸 이동해요.

❶ 0.05 —10배→ 0.5 —10배→ 5 —10배→ ☐

(0.05, 0.5: 소수점을 오른쪽으로 한 칸 이동)

❷ 4.17 —10배→ ☐ —10배→ ☐ —10배→ 4170

❸ 0.007 —10배→ 0.07 —10배→ ☐ —10배→ ☐

(0.007: 소수점을 오른쪽으로 한 칸 이동)

❹ 0.613 —10배→ ☐ —10배→ 61.3 —10배→ ☐

❺ 2.009 —10배→ ☐ —10배→ ☐ —10배→ 2009

❻ 4.52 —100배→ ☐

(4.52: 소수점을 오른쪽으로 두 칸 이동)

❼ 0.834 —1000배→ ☐

(0.834: 소수점을 오른쪽으로 세 칸 이동)

> 0의 수만큼 소수점을 오른쪽으로 이동해요.
> 10배 : 1.234 → 12.34 (0이 1개, 한 칸)
> 100배 : 1.234 → 123.4 (0이 2개, 두 칸)
> 1000배 : 1.234 → 1234 (0이 3개, 세 칸)

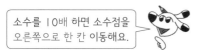

목표 시간 2분

빈칸에 알맞은 수를 써넣으세요.

소수의 $\frac{1}{10}$은 소수점을 왼쪽으로 한 칸 이동해요.

❶ 3 —($\frac{1}{10}$)→ 0.3 —($\frac{1}{10}$)→ 0.03 —($\frac{1}{10}$)→ [ ]

3. 자연수 뒤에 소수점이 있다고 생각하면 쉬워요.

0.3 / 0.03

❷ 50 —($\frac{1}{10}$)→ [ ] —($\frac{1}{10}$)→ 0.5 —($\frac{1}{10}$)→ [ ]

❸ 86 —($\frac{1}{10}$)→ [ ] —($\frac{1}{10}$)→ [ ] —($\frac{1}{10}$)→ 0.086

❹ 400 —($\frac{1}{10}$)→ 40 —($\frac{1}{10}$)→ [ ] —($\frac{1}{10}$)→ [ ]

❺ 375 —($\frac{1}{10}$)→ [ ] —($\frac{1}{10}$)→ 3.75 —($\frac{1}{10}$)→ [ ]

❻ 10.9 —($\frac{1}{100}$)→ [ ]

10.9

❼ 73 —($\frac{1}{1000}$)→ [ ]

73. 자연수 뒤에 소수점이 있다고 생각하고 이동해 보세요.

분모의 0의 수만큼 소수점을 왼쪽으로~

$\frac{1}{10}$: 0 1.2 → 0.12 (0이 1개, 한 칸)

$\frac{1}{100}$: 0 0 1.2 → 0.012 (0이 2개, 두 칸)

$\frac{1}{1000}$: 0 0 12. → 0.012 (0이 3개, 세 칸)

소수점을 왼쪽으로 이동할 때 자리가 비면 0을 채워 넣어요.

33 소수점이 이동하는 규칙 알아보기 (2)

목표 시간 3분

빈칸에 알맞은 수를 써넣으세요.

❶ (10배 → 10배)

0.13		
0.013		

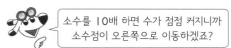

소수를 10배 하면 수가 점점 커지니까 소수점이 오른쪽으로 이동하겠죠?

❷ (10배 → 10배)

2.05		
0.205		

❸ (10배 → 10배)

0.827		
2.194		

❹ ($\frac{1}{10}$ → $\frac{1}{10}$)

7		
70		

소수의 $\frac{1}{10}$을 하면 수가 점점 작아지니까 소수점을 왼쪽으로 이동해요~

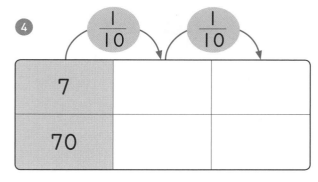

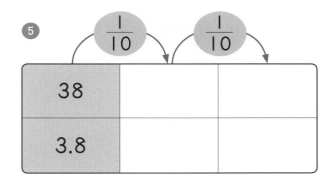

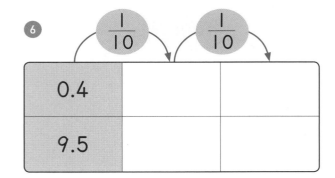

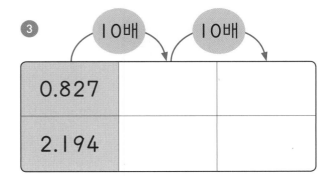

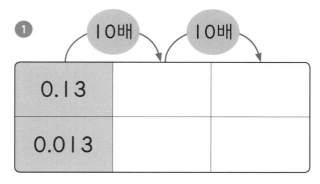

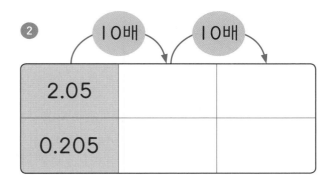

❺ ($\frac{1}{10}$ → $\frac{1}{10}$)

38		
3.8		

❻ ($\frac{1}{10}$ → $\frac{1}{10}$)

0.4		
9.5		

목표 시간 3분

빈칸에 알맞은 수를 써넣으세요.

1. 10배

0.72	
5.103	

2. 100배

1.09	
0.208	

10배를 두 번한 것과 같아요~

3. 1000배

8.26	
1.059	

10배를 세 번한 것과 같아요~

4. $\frac{1}{10}$

1.8	
0.45	

5. $\frac{1}{100}$

20	
14.7	

6. $\frac{1}{1000}$

9	
30	

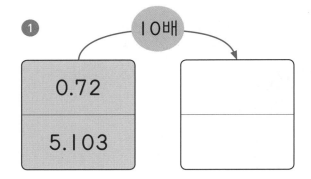

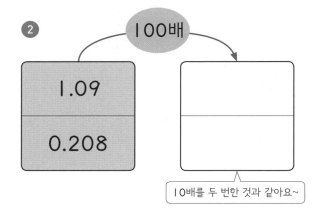

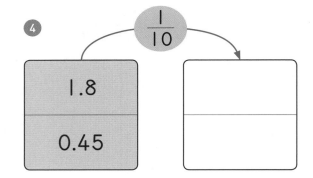

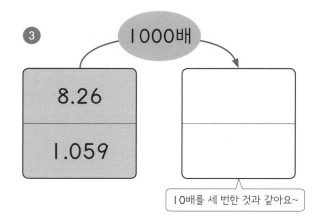

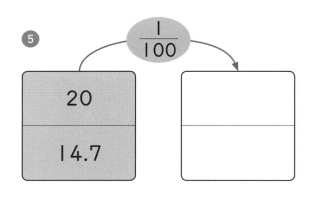

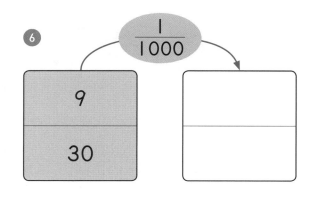

34 1 mm는 0.1 cm, 1 cm는 0.01 m

목표 시간 2분

※ □ 안에 알맞은 수를 써넣으세요.

10배 큰 단위
mm를 cm로 바꾸면 수가 $\frac{1}{10}$이 돼요.

10 mm=1 cm

1 mm=0.1 cm

❶ 1 mm=[0.1] cm

▲ mm=0.▲ cm

❷ 2 mm=□ cm

❸ 8 mm=□ cm

❹ 10 mm=□ cm

■▲ mm=■.▲ cm

❺ 30 mm=□ cm

❻ 65 mm=□ cm

❼ 100 mm=□ cm

❽ 170 mm=□ cm

❾ 296 mm=□ cm

❿ 381 mm=□ cm

⓫ 502 mm=□ cm

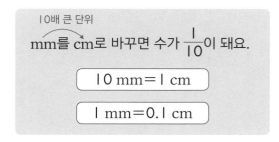

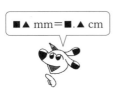

□ 안에 알맞은 수를 써넣으세요.

100배 큰 단위

cm를 m로 바꾸면 수가 $\frac{1}{100}$이 돼요.

100 cm=1 m

1 cm=0.01 m

❶ 1 cm= [0.01] m

1.

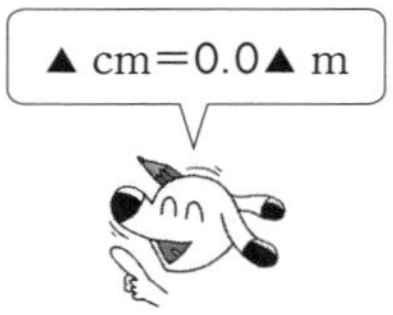

❷ 3 cm= □ m

❸ 10 cm= □ m

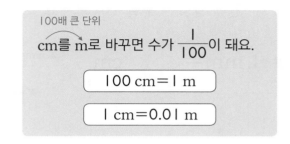

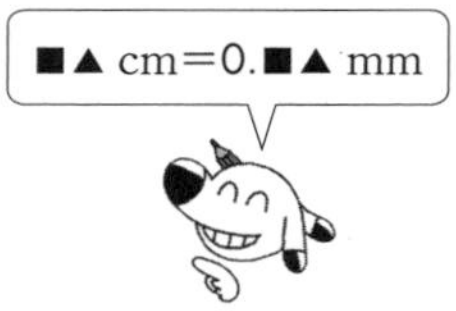

❹ 40 cm= □ m

❺ 13 cm= □ m

❻ 27 cm= □ m

❼ 100 cm= □ m

❽ 140 cm= □ m

❾ 263 cm= □ m

❿ 309 cm= □ m

⓫ 458 cm= □ m

35 1 g은 0.001 kg, 1 mL는 0.001 L

목표 시간 2분

※ □ 안에 알맞은 수를 써넣으세요.

> 1000배 큰 단위
>
> g을 kg으로 바꾸면 수가 $\frac{1}{1000}$이 돼요.
>
> 1000 g=1 kg
>
> 1 g=0.001 kg

① 1 g=[0.001] kg

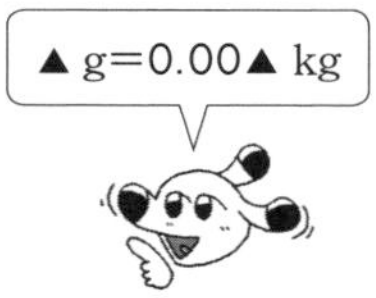

② 8 g=□ kg

③ 10 g=□ kg

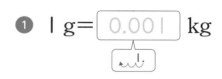

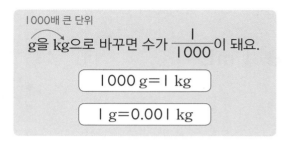

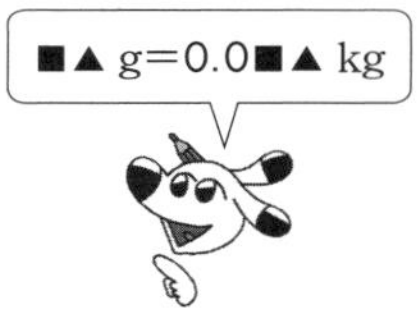

④ 50 g=□ kg

⑤ 48 g=□ kg

⑥ 73 g=□ kg

⑦ 100 g=□ kg

⑧ 160 g=□ kg

⑨ 462 g=□ kg

⑩ 705 g=□ kg

⑪ 819 g=□ kg

※ □ 안에 알맞은 수를 써넣으세요.

1000배 큰 단위

mL를 L로 바꾸면 수가 $\frac{1}{1000}$이 돼요.

1000 mL=1 L

1 mL=0.001 L

❶ 1 mL= 0.001 L

▲ mL=0.00▲ L

❷ 5 mL= □ L

■▲ mL=0.0■▲ L

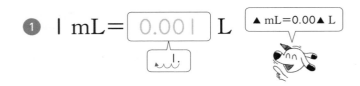

❸ 10 mL= □ L

❹ 60 mL= □ L

❺ 46 mL= □ L

❻ 87 mL= □ L

❼ 100 mL= □ L

❽ 170 mL= □ L

❾ 295 mL= □ L

❿ 418 mL= □ L

⓫ 603 mL= □ L

36 생활 속 연산 — 소수

목표 시간 3분

그림을 보고 □ 안에 알맞은 수나 말을 써넣으세요.

1

현아: 1.47 m

현아의 키는 1.47 m입니다. 현아의 키의 소수 둘째 자리 숫자가 나타내는 수는 □입니다.

2

머리카락이 한 달 동안 2.58 cm 자랐어.
난 머리카락이 한 달 동안 2.6 cm 자랐어.
현서
유리

현서와 유리 중 한 달 동안 머리카락이 더 많이 자란 사람은 □입니다.

3

세계에서 가장 긴 속눈썹을 가진 사람은 그 길이가 12.4 cm라고 합니다. 이 길이는 □ mm 또는 □ m와 같습니다.

4

마술 상자에 물건을 넣었다 빼면 길이가 처음 길이의 $\frac{1}{10}$이 됩니다. 9.4 cm인 막대를 마술 상자에 2번 넣었다 빼면 □ cm가 됩니다.

$\frac{1}{10}$이 2번이니까 $\frac{1}{100}$을 한 것과 같아요.

바빠독이 더 빠른 길로 여행을 가려 합니다. 표지판에 적힌 수가 더 작은 길을 따라가 보세요.

1

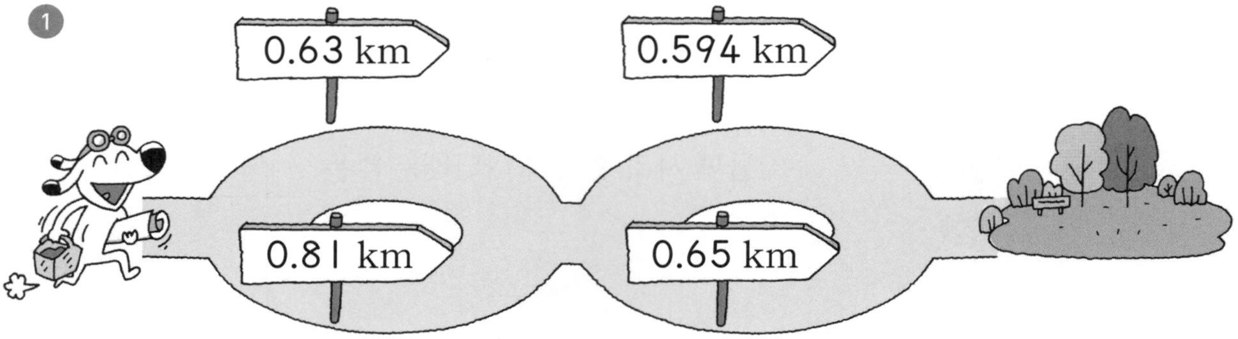

2

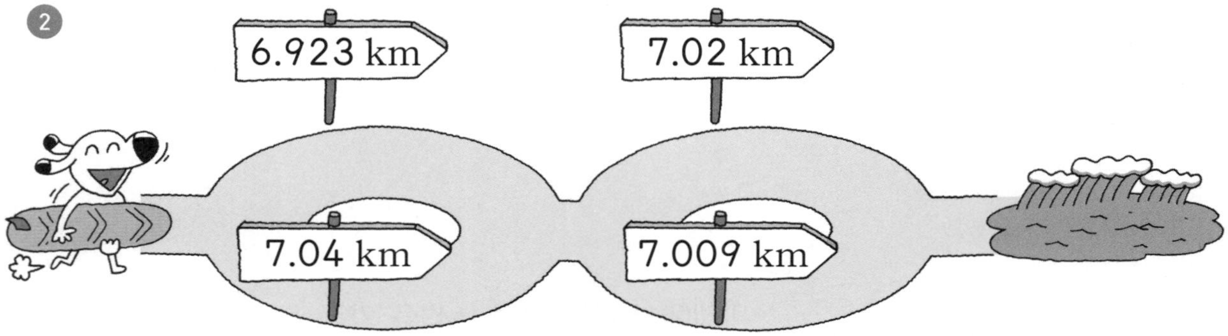

3

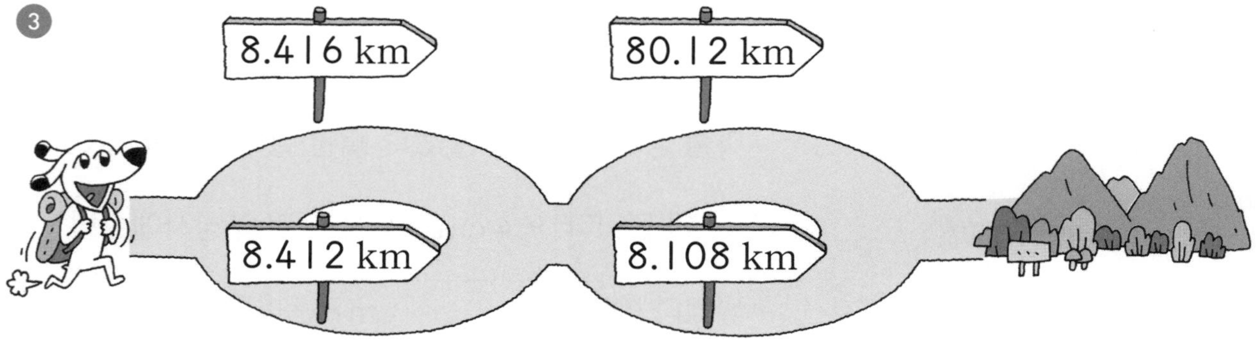

넷째 마당 소수의 덧셈과 뺄셈

교과서 3. 소수의 덧셈과 뺄셈

바빠 개념 쏙쏙!

✪ 소수의 덧셈

소수점끼리 맞추어 세로로 쓰고 같은 자리 수끼리 더합니다.

- 1.23+2.49의 계산

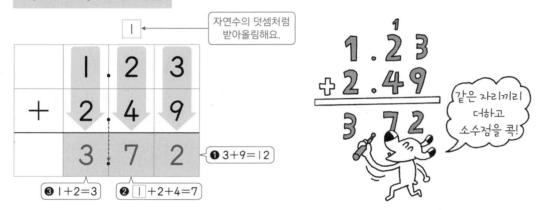

		1	
	1 .	2	3
+	2 .	4	9
	3 .	7	2

자연수의 덧셈처럼 받아올림해요.

❶ 3+9=12
❷ 1+2+4=7
❸ 1+2=3

1
1.23
+2.49
372
같은 자리끼리 더하고 소수점을 콕!

✪ 소수의 뺄셈

소수점끼리 맞추어 세로로 쓰고 같은 자리 수끼리 더합니다.

- 5.64−1.28의 계산

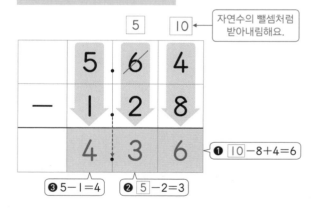

		5	10
	5 .	~~6~~	4
−	1 .	2	8
	4 .	3	6

자연수의 뺄셈처럼 받아내림해요.

❶ 10−8+4=6
❷ 5−2=3
❸ 5−1=4

564
−128
이 계산과 똑같이 계산하고 소수점만 찍으면 끝!

잠깐! 퀴즈

12.8−0.6을 세로셈으로 바르게 나타낸 것은 어느 것일까요?

①
```
  12.8
 −0.6
```

②
```
  12.8
 − 0.6
```

정답 ②

37 같은 자리 수끼리 더한 후 소수점을 콕 찍자

목표 시간 2분

계산하세요.

낮은 자리부터 차례로 더한 후 소수점을 찍어 보세요.

(일 . 소수 첫째)

소수 첫째 자리에서 받아올림한 수

소수점 콕!

①
$$\begin{array}{r} 0.4 \\ +\ 0.3 \\ \hline \end{array}$$

②
$$\begin{array}{r} 0.2 \\ +\ 4.7 \\ \hline \end{array}$$

③
$$\begin{array}{r} 3.6 \\ +\ 2.2 \\ \hline \end{array}$$

④
$$\begin{array}{r} 6.4 \\ +\ 1.5 \\ \hline \end{array}$$

⑤
$$\begin{array}{r} 1.7 \\ +\ 2.6 \\ \hline \end{array}$$

⑥
$$\begin{array}{r} 6.8 \\ +\ 2.4 \\ \hline \end{array}$$

⑦
$$\begin{array}{r} 3.6 \\ +\ 4.8 \\ \hline \end{array}$$

⑧
$$\begin{array}{r} 5.5 \\ +\ 3.9 \\ \hline \end{array}$$

(십 일 . 소수 첫째)

⑨
$$\begin{array}{r} 3.4 \\ +\ 7.5 \\ \hline \end{array}$$

⑩
$$\begin{array}{r} 5.1 \\ +\ 6.7 \\ \hline \end{array}$$

⑪
$$\begin{array}{r} 4.9 \\ +\ 5.3 \\ \hline \end{array}$$

⑫
$$\begin{array}{r} 8.7 \\ +\ 4.5 \\ \hline \end{array}$$

🦴 계산하세요.

	일	소수 첫째
①	1.	8
+	0.	4

자연수의 덧셈처럼 계산한 다음 소수점을 콕!

	일	소수 첫째
②	0.	6
+	2.	4

소수의 오른쪽 끝자리 0은 생략할 수 있어요.

	일	소수 첫째
③	4.	5
+	1.	6

	일	소수 첫째
④	3.	4
+	5.	9

	십	일	소수 첫째
⑤		6.	8
+		2.	7

	십	일	소수 첫째
⑥		2.	6
+		5.	7

	십	일	소수 첫째
⑦		9.	3
+		3.	4

	십	일	소수 첫째
⑧		4.	7
+		8.	2

받아올림이 있을 수 있으니 낮은 자리부터 계산해요.

	십	일	소수 첫째
⑨		5.	7
+		9.	9

	십	일	소수 첫째
⑩		8.	9
+		3.	5

친구들이 자주 틀리는 문제! 앗! 실수

	십	일	소수 첫째
⑪		4.	6
+		5.	5

	십	일	소수 첫째
⑫		7.	8
+		6.	8

38 소수점을 맞추어 쓰고 더하는 게 핵심!

목표 시간 3분

※ 세로셈으로 나타내고 계산하세요.

❶ 4.2+0.7

	4.	2
+	0.	7

소수점끼리 맞추어 쓴 다음 같은 자리 수끼리 더하면 돼요.

❺ 5.2+2.9

+		

❾ 10.3+0.6

	1	0.	3
+		0.	6

소수점을 기준으로 맞추어 쓰세요.

❷ 2.4+6.3

	2.	4
+	6.	3

❻ 2.8+3.7

+		

❿ 34.7+5.4

+			

❸ 0.9+3.5

+		

❼ 3.7+5.6

+		

⓫ 1.6+26.2

		1.	6
+	2	6.	2

❹ 4.6+1.8

+		

소수점을 빠뜨리지 말고 꼭 찍어야 해요.

❽ 5.9+6.5

+		

⓬ 3.8+50.9

+			

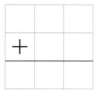

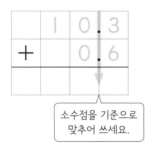

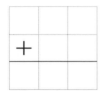

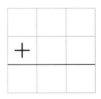

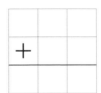

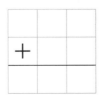

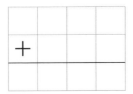

소수의 계산은 가로셈을 세로셈으로 바꾸어 푸세요. 세로로 소수점 자리를 맞추어 쓰면 실수를 줄일 수 있습니다.

목표 시간 3분

계산하세요.

세로셈으로 바꾸어 차근차근 풀어 보세요.

❶ $2.3+3.6=$

$$\begin{array}{r} 2.3 \\ +\ 3.6 \\ \hline \end{array}$$

❷ $1.6+4.7=$

❸ $3.4+5.8=$

❹ $8.2+1.8=$

❺ $5.7+6.4=$

❻ $10.9+2.4=$

❼ $16.8+3.8=$

❽ $13.5+6.7=$

앗! 실수 친구들이 자주 틀리는 문제

❾ $2.9+14.4=$

조심! 더하는 수의 자릿수가 많으면 실수하기 쉬워요.

❿ $3.5+28.6=$

⓫ $9.8+23.7=$

내가 틀린 문제 한 번 더 풀기

☐ + ☐ = ☐

39 같은 자리 수끼리 뺀 후 소수점을 콕 찍자

목표 시간 2분

✿ 계산하세요.

낮은 자리부터 차례로 뺀 후 소수점을 찍어 보세요.

일의 자리에서 받아내림한 수 ← 1 | 10

소수점 콕!

	일 . 소수 첫째			일 . 소수 첫째			일 . 소수 첫째
①	3 . 7		⑤	2 . 3		⑨	6 . 3
	− 0 . 5			− 0 . 6			− 3 . 5

②	6 . 8		⑥	4 . 2		⑩	7 . 2
	− 5 . 3			− 1 . 5			− 2 . 3

③	8 . 9		⑦	5 . 4		⑪	9 . 4
	− 3 . 1			− 3 . 9			− 8 . 6

④	7 . 6		⑧	9 . 1		⑫	8 . 5
	− 1 . 4			− 2 . 7			− 6 . 9

목표 시간 2분

계산하세요.

	일 . 소수 첫째		일 . 소수 첫째		일 . 소수 첫째
❶	2.4 − 0.8	❺	3.8 − 1.9	❾	5.4 − 3.7

자연수의 뺄셈처럼 계산한 다음 소수점을 콕!

받아내림이 있을 수 있으니 낮은 자리부터 계산해요.

❷	4.2 − 1.6	❻	5.5 − 4.7	❿	6.5 − 5.6

❸	5.1 − 4.8	❼	8.2 − 6.4	⓫	9.6 − 4.8

❹	6.6 − 2.7	❽	7.4 − 3.8	⓬	8.7 − 1.9

40 소수점을 맞추어 쓰고 빼는 게 핵심!

목표 시간 3분

※ 세로셈으로 나타내고 계산하세요.

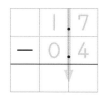

① 1.7−0.4

	1.	7
−	0.	4

소수점끼리 맞추어 쓴 다음 같은 자리 수끼리 빼면 돼요.

⑤ 7.3−2.6

−		

⑨ 11.7−4.2

	1	1.	7
−		4.	2

소수점을 기준으로 맞추어 쓰세요.

② 4.5−1.8

	4.	5
−	1.	8

⑥ 6.2−3.4

−		

⑩ 12.3−4.7

	1	2.	3
−		4.	7

③ 2.4−0.7

−		

⑦ 8.6−5.9

−		

⑪ 25.7−3.8

−			

④ 5.3−2.9

−		

소수점을 빠뜨리지 않고 찍었는지 꼭 확인하세요!

⑧ 9.2−7.8

−		

⑫ 31.4−7.6

−			

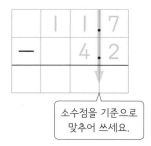

소수의 계산은 가로셈을 세로셈으로 바꾸어 푸세요. 세로로 소수점 자리를 맞추어 쓰면 실수를 줄일 수 있습니다.

목표 시간 3분

계산하세요.

잘 하고 있어요! 세로셈으로 바꾸어 차근차근 풀어 보세요.

① $5.4-3.5=$

$$\begin{array}{r} 5.4 \\ -\ 3.5 \\ \hline \end{array}$$

② $6.4-4.8=$

③ $4.3-3.4=$

④ $8.6-1.8=$

⑤ $7.1-2.6=$

⑥ $11.2-6.7=$

⑦ $14.3-2.8=$

⑧ $20.6-5.9=$

앗! 실수 친구들이 자주 틀리는 문제

⑨ $32.2-9.9=$

조심! 받아내림이 2번이라서 실수하기 쉬워요.

⑩ $23.1-3.7=$

⑪ $30.1-5.6=$

내가 틀린 문제 한 번 더 풀기

□ − □ = □

소수 둘째 자리부터 차례로 더하자

❀ 계산하세요.

소수 둘째 → 소수 첫째 → 일의 자리
순서로 같은 자리 수끼리 더해 줘요.

	일	.	소수 첫째	소수 둘째
			계산 순서 ←	

①
```
    0 . 1 3
  + 0 . 6 2
```

소수점 콕!

②
```
    0 . 4 5
  + 3 . 2 3
```

받아올림이 있으면 작게 써 놓고
계산해야 실수하지 않아요.

③
```
    4 . 0 8
  + 0 . 5 4
```

④
```
    2 . 3 1
  + 6 . 9 4
```

⑤
```
    1 . 4 2
  + 0 . 6 7
```

⑥
```
    2 . 5 6
  + 1 . 1 7
```

⑦
```
    3 . 9 2
  + 2 . 4 5
```

⑧
```
    1 . 2 6
  + 7 . 1 8
```

⑨
```
    0 . 4 8
  + 5 . 7 3
```

⑩
```
    4 . 2 5
  + 2 . 9 7
```

⑪
```
    6 . 6 9
  + 1 . 3 8
```

⑫
```
    5 . 7 5
  + 3 . 4 6
```

계산하세요.

(자리: 십 / 일 . 소수 첫째 / 소수 둘째)

① $\begin{array}{r} 0.26 \\ +\ 4.35 \\ \hline \end{array}$

자연수의 덧셈처럼 계산한 다음 소수점을 콕!

② $\begin{array}{r} 1.94 \\ +\ 3.26 \\ \hline \end{array}$

소수의 오른쪽 끝자리 0은 생략할 수 있어요.

③ $\begin{array}{r} 6.38 \\ +\ 0.14 \\ \hline \end{array}$

④ $\begin{array}{r} 0.94 \\ +\ 8.31 \\ \hline \end{array}$

⑤ $\begin{array}{r} 1.34 \\ +\ 2.67 \\ \hline \end{array}$

⑥ $\begin{array}{r} 5.48 \\ +\ 0.96 \\ \hline \end{array}$

⑦ $\begin{array}{r} 3.27 \\ +\ 4.79 \\ \hline \end{array}$

⑧ $\begin{array}{r} 2.69 \\ +\ 6.57 \\ \hline \end{array}$

⑨ $\begin{array}{r} 9.64 \\ +\ 3.08 \\ \hline \end{array}$

⑩ $\begin{array}{r} 2.62 \\ +\ 9.46 \\ \hline \end{array}$

친구들이 자주 틀리는 문제! 앗! 실수

⑪ $\begin{array}{r} 8.98 \\ +\ 1.67 \\ \hline \end{array}$

조심! 받아올림이 3번이라서 실수하기 쉬워요.

⑫ $\begin{array}{r} 7.29 \\ +\ 3.79 \\ \hline \end{array}$

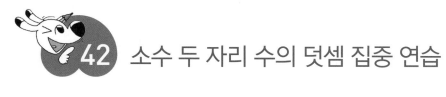

42 소수 두 자리 수의 덧셈 집중 연습

목표 시간 3분

❈ 세로셈으로 나타내고 계산하세요.

1 0.43+0.15

```
    0 . 4 3
+   0 . 1 5
```

소수점끼리 맞추어
쓴 다음 계산해요.

2 1.82+3.04

```
    1 . 8 2
+   3 . 0 4
```

3 2.45+0.29

```
    2 . 4 5
+   0 . 2 9
```

4 3.51+1.74

```
    3 . 5 1
+   1 . 7 4
```

소수점을 빠뜨리지 않고
찍었는지 꼭 확인하세요!

5 1.36+2.19

6 4.52+3.63

7 5.81+2.62

8 6.28+0.76

9 2.53+4.69

10 1.72+9.45

11 3.49+7.84

12 5.73+6.58

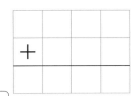

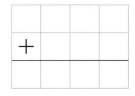

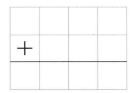

목표 시간 3분

계산하세요.

세로셈으로 바꾸어 차근차근 풀어 보세요.

① $0.34+0.29=$

$$\begin{array}{r} 0.34 \\ +\,0.29 \\ \hline \end{array}$$

② $2.85+0.63=$

③ $1.62+3.78=$

④ $5.17+0.95=$

⑤ $2.78+4.57=$

⑥ $6.39+1.65=$

⑦ $4.56+3.78=$

⑧ $1.49+7.64=$

⑨ $5.29+1.87=$

앗! 실수 친구들이 자주 틀리는 문제

⑩ $2.07+2.98=$

⑪ $9.27+3.75=$

내가 틀린 문제 한 번 더 풀기

□ + □ = □

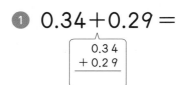

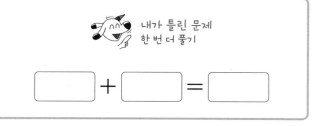

43 소수 둘째 자리부터 차례로 빼자

❀ 계산하세요.

소수 둘째 → 소수 첫째 → 일의 자리
순서로 같은 자리 수끼리 빼 줘요.

	일	소수 첫째	소수 둘째

계산 순서 ←

① 　 0.5 8
　 − 0.3 2

소수점 콕!

② 　 2.6 7
　 − 1.2 4

받아내림한 수와 받아내림하고
남은 수를 작게 쓰고 계산하세요.

③ 　 3.2 5
　 − 0.7 1

（위: 2　10）

④ 　 4.3 7
　 − 2.5 2

⑤ 　 5.6 2
　 − 1.3 4

⑥ 　 3.4 6
　 − 1.0 9

⑦ 　 6.4 9
　 − 5.5 6

⑧ 　 5.3 1
　 − 3.2 6

⑨ 　 7.1 2
　 − 4.8 5

⑩ 　 5.4 4
　 − 0.9 8

⑪ 　 8.5 3
　 − 2.5 9

⑫ 　 9.2 3
　 − 6.2 7

목표 시간 3분

계산하세요.

일 . 소수 첫째 소수 둘째

받아내림이 있을 수 있으니 낮은 자리부터 계산해요.

자연수의 뺄셈처럼 계산한 다음 소수점을 콕!

소수의 오른쪽 끝자리 0은 생략할 수 있어요.

친구들이 자주 틀리는 문제! 앗! 실수

❶ $1.25 - 0.63$

❷ $2.74 - 0.38$

❸ $3.02 - 2.72$

❹ $5.13 - 1.46$

❺ $6.28 - 4.36$

❻ $7.26 - 3.94$

❼ $5.64 - 4.37$

❽ $8.21 - 5.93$

❾ $4.36 - 1.97$

❿ $8.15 - 6.18$

⓫ $9.03 - 3.65$

⓬ $7.02 - 2.39$

44 소수 두 자리 수의 뺄셈 집중 연습

목표 시간 4분

세로셈으로 나타내고 계산하세요.

❶ 0.57−0.32

	0.	5	7
−	0.	3	2

소수점끼리 맞추어
쓴 다음 계산해요.

❺ 2.46−0.38

−			

❾ 6.35−0.74

−			

❷ 2.49−1.06

	2.	4	9
−	1.	0	6

❻ 4.08−1.35

−			

❿ 7.42−4.83

−			

❸ 1.86−0.29

	1.	8	6
−	0.	2	9

❼ 6.73−3.58

−			

⓫ 8.25−6.27

−			

❹ 5.27−3.41

	5.	2	7
−	3.	4	1

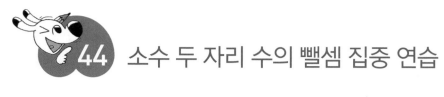

소수점을 빠뜨리지 않고
찍었는지 꼭 확인하세요!

❽ 7.05−1.09

−			

⓬ 9.13−3.65

−			

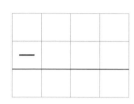

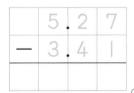

목표 시간 4분

계산하세요.

① 2.16 − 0.04 =

```
  2.16
− 0.04
```

② 0.91 − 0.23 =

③ 4.07 − 0.43 =

④ 3.61 − 2.35 =

⑤ 4.68 − 3.73 =

⑥ 6.15 − 2.42 =

잘 하고 있어요! 세로셈으로 바꾸어 차근차근 풀어 보세요.

⑦ 5.26 − 1.89 =

⑧ 6.13 − 4.15 =

⑨ 8.42 − 3.58 =

앗! 실수 친구들이 자주 틀리는 문제

⑩ 6.04 − 2.48 =

⑪ 5.03 − 0.26 =

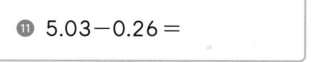

내가 틀린 문제 한 번 더 풀기

☐ − ☐ = ☐

45 자릿수가 다르면 같게 맞추어 더하자

목표 시간 3분

계산하세요.

자릿수가 적은 소수의 오른쪽 끝에 0을 써서 자릿수를 같게 하면 실수를 줄일 수 있어요.

(일 . 소수 첫째 소수 둘째)

① 0.14 + 0.6(0) = ☐.☐☐

0.6을 0.6(0)으로 생각하고 같은 자리 수끼리 더해요.

② 2.37 + 0.8(0) = ☐.☐☐

③ 0.42 + 2.5 = ☐.☐☐

④ 1.63 + 1.4 = ☐.☐☐

⑤ 1.7(0) + 4.53 =

1.7을 1.7(0)으로 생각할 수 있어요.

⑥ 3.8(0) + 5.68 =

⑦ 5.9 + 2.34 =

⑧ 4.5 + 2.69 =

⑨ 2.64 + 3.9 =

⑩ 1.53 + 5.6 =

⑪ 1.3 + 4.98 =

⑫ 7.3 + 1.72 =

3분

❀ 계산하세요.

	일	소수 첫째	소수 둘째
①	1.	5	6
+	3.	5	

❶ 자릿수가 다른 소수의 덧셈을 할 때는 소수점의 자릿수를 맞춘 후 더해요.

	일	소수 첫째	소수 둘째
⑤	2.	5	4
+	4.	6	

	일	소수 첫째	소수 둘째
⑨	6.	9	
+	2.	5	8

	일	소수 첫째	소수 둘째
②	0.	8	
+	6.	4	3

	일	소수 첫째	소수 둘째
⑥	1.	6	
+	4.	7	6

	일	소수 첫째	소수 둘째
⑩	7.	2	5
+	3.	9	

	일	소수 첫째	소수 둘째
③	2.	3	8
+	2.	9	

	일	소수 첫째	소수 둘째
⑦	5.	4	1
+	2.	6	

	일	소수 첫째	소수 둘째
⑪	4.	8	
+	8.	7	2

	일	소수 첫째	소수 둘째
④	5.	6	
+	3.	8	5

잊지 않았죠?
계산한 다음 소수점을 콕!

	일	소수 첫째	소수 둘째
⑧	7.	9	
+	1.	7	7

	일	소수 첫째	소수 둘째
⑫	5.	4	9
+	9.	6	

46 실수하기 쉬운 자릿수가 다른 소수의 덧셈

✿ 세로셈으로 나타내고 계산하세요.

주의! 오른쪽 끝자리에 맞추면 안 돼요. 소수점끼리 맞추어 써야 해요.

① 0.54 + 2.3

```
   0 . 5 4
+  2 . 3
```

⑤ 1.92 + 5.7

```
+
```

⑨ 3.84 + 6.3

```
+
```

② 3.8 + 0.43

```
   3 . 8
+  0 . 4 3
```

⑥ 4.4 + 2.68

```
+
```

⑩ 5.6 + 7.51

```
+
```

③ 2.57 + 4.6

```
   2 . 5 7
+  4 . 6
```

⑦ 6.92 + 1.3

```
+
```

⑪ 9.76 + 3.9

```
+
```

④ 1.9 + 3.49

```
   1 . 9
+  3 . 4 9
```

⑧ 1.4 + 7.75

```
+
```

⑫ 7.83 + 8.6

```
+
```

자릿수가 적은 소수의 오른쪽 끝에 0을 쓰면 두 자리 수의 덧셈으로 계산할 수 있습니다.

목표 시간 4분

계산하세요.

0.7을 0.70으로 생각하고 같은 자리 수끼리 더해요.

❶ 1.28+0.7=

$$\begin{array}{r} 1.28 \\ +\,0.70 \\ \hline \end{array}$$

❷ 2.4+3.85=

❸ 4.37+0.9=

❹ 1.6+2.73=

❺ 3.86+5.2=

❻ 4.5+2.51=

❼ 3.9+4.72=

❽ 6.89+2.6=

❾ 7.8+1.78=

앗! 실수 친구들이 자주 틀리는 문제

❿ 6.4+3.64=

⓫ 5.9+8.69=

내가 틀린 문제 한 번 더 풀기

☐ + ☐ = ☐

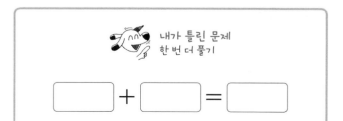

47 자릿수가 다르면 같게 맞추어 빼자

목표 시간
3분

❀ 계산하세요.

> 자릿수가 적은 소수의 오른쪽 끝에 0을 써서 자릿수를 같게 하면 실수를 줄일 수 있어요.

①

	일	소수 첫째	소수 둘째
	0 .	7	8
−	0 .	4	0
	.		

> 0.4를 0.40으로 생각하고 같은 자리 수끼리 빼요.

②

	일	소수 첫째	소수 둘째
	2 .	3	7
−	0 .	8	0
	.		

③

	일	소수 첫째	소수 둘째
	5 .	4	2
−	2 .	7	
	.		

④

	일	소수 첫째	소수 둘째
	7 .	2	4
−	3 .	5	
	.		

⑤

	일	소수 첫째	소수 둘째
	3 .	4	0
−	0 .	2	5

⑥

	일	소수 첫째	소수 둘째
	1 .	6	0
−	0 .	3	8

⑦

	일	소수 첫째	소수 둘째
	4 .	9	
−	1 .	3	1

⑧

	일	소수 첫째	소수 둘째
	6 .	8	
−	2 .	1	4

⑨

	일	소수 첫째	소수 둘째
	2 .	6	3
−	1 .	9	

⑩

	일	소수 첫째	소수 둘째
	5 .	1	9
−	3 .	4	

⑪

	일	소수 첫째	소수 둘째
	7 .	6	
−	1 .	7	5

> 받아내림이 2번 있으니 주의하세요!

⑫

	일	소수 첫째	소수 둘째
	8 .	2	
−	5 .	6	6

목표 시간 3분

계산하세요.

(일 . 소수 첫째 소수 둘째)

① 1.86 − 0.3(0)

자릿수가 다른 소수의 뺄셈을 할 때는 소수점의 자릿수를 맞춘 후 빼요.

② 0.9(0) − 0.75

③ 4.32 − 1.5

④ 6.3 − 2.78

잊지 않았죠? 계산한 다음 소수점을 콕!

⑤ 3.64 − 0.9

⑥ 4.5 − 0.63

⑦ 7.28 − 3.9

⑧ 8.1 − 5.56

⑨ 6.17 − 3.3

⑩ 8.02 − 2.9

친구들이 자주 틀리는 문제! 앗! 실수

⑪ 9.5 − 3.41

계산 결과의 소수 첫째 자리가 0일 때 0은 빠뜨리지 않고 써야 해요.

⑫ 7.8 − 4.84

48 실수하기 쉬운 자릿수가 다른 소수의 뺄셈

목표 시간 4분

세로셈으로 나타내고 계산하세요.

> 3.04
> − 1.6
>
> 주의! 오른쪽 끝자리에 맞추면 안 돼요. 소수점끼리 맞추어 써야 해요.

❶ 1.82−0.3

	1.	8	2
−	0.	3	

❷ 2.3−0.29

	2.	3	
−	0.	2	9

❸ 5.67−2.7

	5.	6	7
−	2.	7	

❹ 8.9−4.11

	8.	9	
−	4.	1	1

❺ 3.04−1.6

−			

❻ 4.1−3.48

−			

❼ 7.25−5.3

−			

❽ 6.4−3.65

−			

❾ 8.3−6.17

−			

❿ 5.41−1.9

−			

⓫ 4.5−2.72

−			

⓬ 9.3−7.54

−			

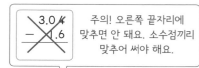

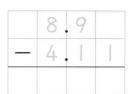

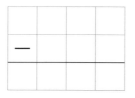

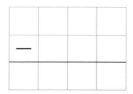

[자릿수가 적은 소수의 오른쪽 끝에 0을 쓰면 두 자리 수의 뺄셈으로 계산할 수 있습니다.]

목표 시간 4분

계산하세요.

1.3을 1.30으로 생각하고 같은 자리 수끼리 빼요.

❶ 1.3−0.27=

$$\begin{array}{r} 1.30 \\ -\ 0.27 \\ \hline \end{array}$$

❷ 7.43−3.6=

❸ 4.5−1.72=

❹ 8.27−5.3=

❺ 6.8−2.91=

❻ 9.08−6.9=

❼ 3.1−0.13=

❽ 8.29−2.9=

❾ 4.3−2.85=

앗! 실수 친구들이 자주 틀리는 문제

❿ 7.9−0.82=

계산 결과의 소수 첫째 자리가 0일 때 0은 빠뜨리지 않고 써야 해요.

⓫ 9.4−4.98=

내가 틀린 문제 한 번 더 풀기

☐ − ☐ = ☐

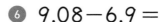

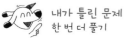

49 소수의 덧셈 종합 연습

목표 시간 3분

계산하세요.

헷갈린 문제는 ☆ 표시를 하고
한 번 더 풀면 최고!

① $$\begin{array}{r} 2.7 \\ +\ 4.8 \\ \hline \end{array}$$

② $$\begin{array}{r} 15.4 \\ +\ 0.6 \\ \hline \end{array}$$

③ $$\begin{array}{r} 3.9 \\ +\ 26.5 \\ \hline \end{array}$$

④ $$\begin{array}{r} 2.52 \\ +\ 3.84 \\ \hline \end{array}$$

⑤ $$\begin{array}{r} 4.43 \\ +\ 3.29 \\ \hline \end{array}$$

⑥ $$\begin{array}{r} 3.14 \\ +\ 1.87 \\ \hline \end{array}$$

⑦ $$\begin{array}{r} 4.56 \\ +\ 3.48 \\ \hline \end{array}$$

⑧ $$\begin{array}{r} 3.49 \\ +\ 5.81 \\ \hline \end{array}$$

⑨ $$\begin{array}{r} 6.52 \\ +\ 1.64 \\ \hline \end{array}$$

⑩ $$\begin{array}{r} 5.98 \\ +\ 6.73 \\ \hline \end{array}$$

⑪ $$\begin{array}{l} \ \ 4.96 \\ +\ 3.5 \\ \hline \end{array}$$

⑫ $$\begin{array}{l} \ \ 3.6 \\ +\ 6.87 \\ \hline \end{array}$$

⑬ $$\begin{array}{l} \ \ 7.8 \\ +\ 3.74 \\ \hline \end{array}$$

자연수의 덧셈처럼
계산한 다음 소수점을 콕!

내가 틀린 문제
한 번 더 풀기

$$\begin{array}{r} \\ +\quad\quad \\ \hline \end{array}$$

목표 시간 3분

계산하세요.

1. $3.9+4.5=$

7. $1.53+2.7=$

2. $14.7+3.6=$

8. $5.6+2.89=$

3. $1.72+3.19=$

9. $8.71+3.4=$

4. $6.87+2.53=$

10. $2.4+7.83=$

소수점을 콕!
찍는 거 잊지 마세요!

5. $4.56+1.68=$

6. $7.69+2.48=$

내가 틀린 문제
한 번 더 풀기

☐ + ☐ = ☐

50 소수의 뺄셈 종합 연습

목표 시간 3분

계산하세요.

헷갈린 문제는 ☆ 표시를 하고
한 번 더 풀면 최고!

❶ $\begin{array}{r} 4.8 \\ -\ 2.9 \\ \hline \end{array}$

❷ $\begin{array}{r} 6.4 \\ -\ 3.7 \\ \hline \end{array}$

❸ $\begin{array}{r} 15.3 \\ -\ 2.8 \\ \hline \end{array}$

❹ $\begin{array}{r} 3.72 \\ -\ 2.65 \\ \hline \end{array}$

❺ $\begin{array}{r} 8.46 \\ -\ 3.96 \\ \hline \end{array}$

❻ $\begin{array}{r} 5.14 \\ -\ 1.35 \\ \hline \end{array}$

❼ $\begin{array}{r} 7.32 \\ -\ 0.39 \\ \hline \end{array}$

❽ $\begin{array}{r} 6.01 \\ -\ 5.74 \\ \hline \end{array}$

❾ $\begin{array}{r} 4.2 \\ -\ 2.65 \\ \hline \end{array}$

❿ $\begin{array}{r} 5.47 \\ -\ 3.5 \\ \hline \end{array}$

⓫ $\begin{array}{r} 6.24 \\ -\ 5.9 \\ \hline \end{array}$

⓬ $\begin{array}{r} 5.8 \\ -\ 3.82 \\ \hline \end{array}$

⓭ $\begin{array}{r} 9.5 \\ -\ 1.79 \\ \hline \end{array}$

자연수의 뺄셈처럼
계산한 다음 소수점을 콕!

내가 틀린 문제
한 번 더 풀기

$\begin{array}{r} \\ - \\ \hline \end{array}$

❀ 계산하세요.

① $5.2 - 2.7 =$

② $7.4 - 1.6 =$

③ $6.46 - 3.28 =$

④ $4.07 - 2.13 =$

⑤ $7.43 - 5.46 =$

⑥ $9.25 - 3.27 =$

⑦ $6.94 - 1.9 =$

⑧ $6.38 - 3.8 =$

⑨ $7.3 - 4.36 =$

⑩ $8.6 - 4.57 =$

소수점을 콕!
찍는 거 잊지 마세요!

내가 틀린 문제
한 번 더 풀기

$$\boxed{} - \boxed{} = \boxed{}$$

51 소수의 덧셈과 뺄셈 완벽하게 끝내기

목표 시간 3분

※ 빈칸에 알맞은 수를 써넣으세요.

① (→ +, ↓ +)

2.7	4.9	
8.5		

2.7 + 4.9

2.7 + 8.5

④ (→ +, ↓ +)

6.8	1.35	
4.92		

자릿수가 다르면
자릿수를 같게 만들어서
풀어 보세요!

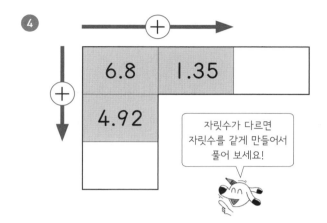

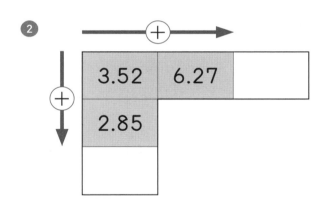

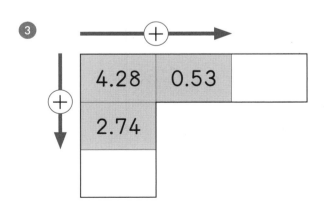

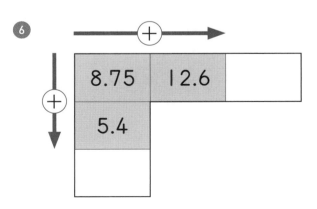

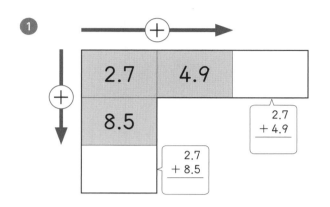

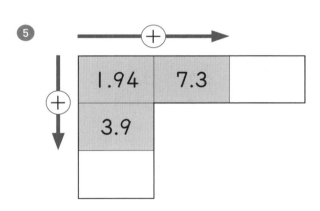

② (→ +, ↓ +)

3.52	6.27	
2.85		

⑤ (→ +, ↓ +)

1.94	7.3	
3.9		

③ (→ +, ↓ +)

4.28	0.53	
2.74		

⑥ (→ +, ↓ +)

8.75	12.6	
5.4		

빈칸에 알맞은 수를 써넣으세요.

1
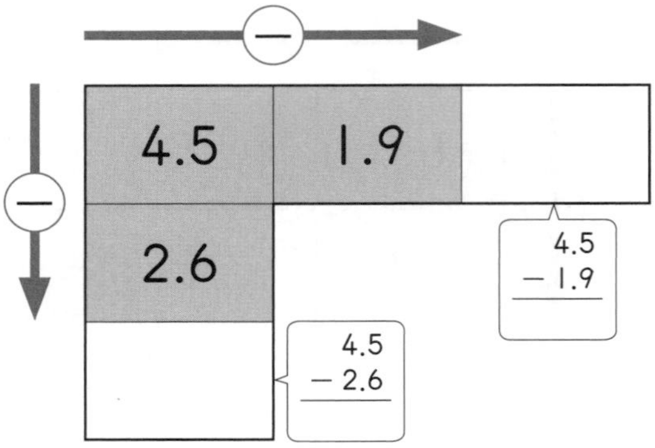

4
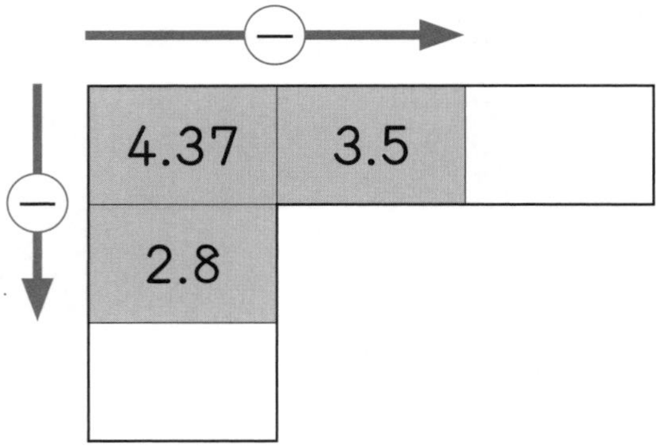

2
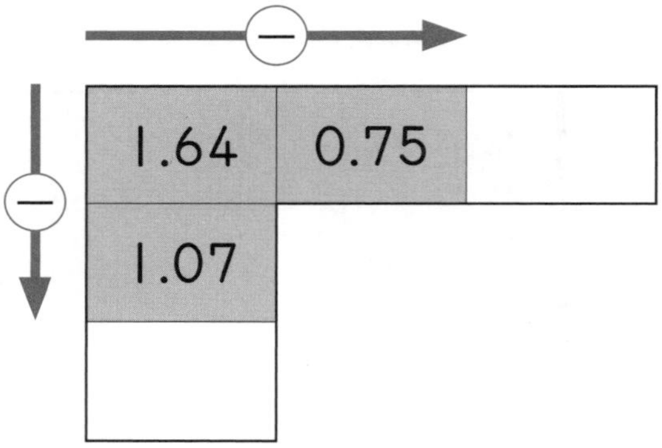

5
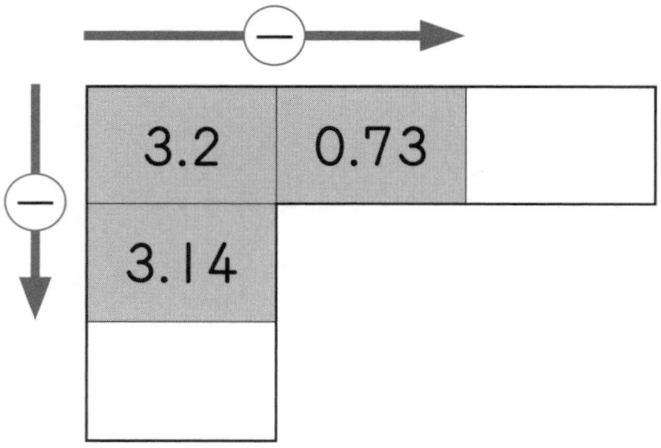

3
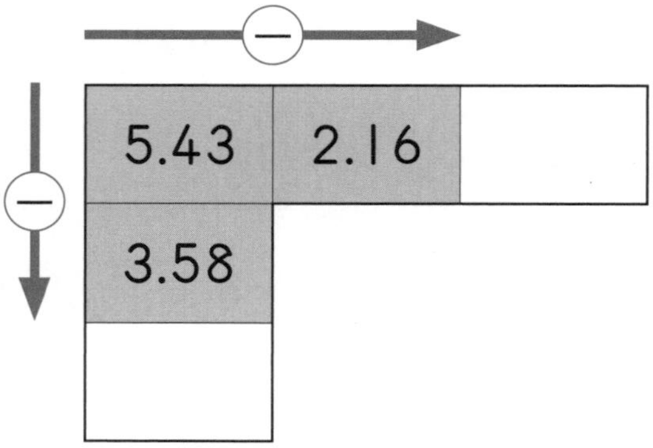

6
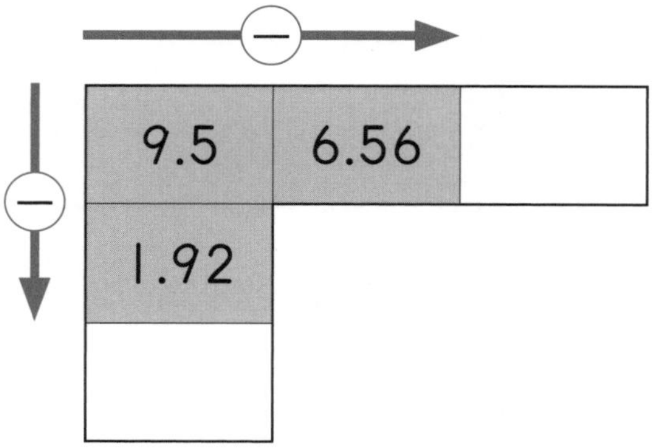

52 생활 속 연산 — 소수의 덧셈과 뺄셈

목표 시간 4분

그림을 보고 □ 안에 알맞은 수를 써넣으세요.

1

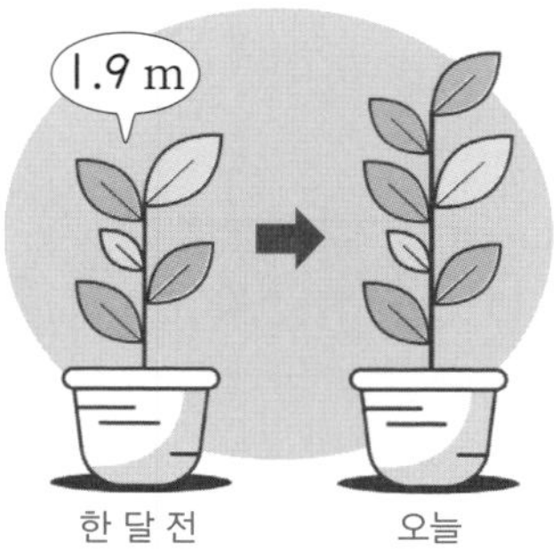

한 달 전에 식물의 키를 재었더니 1.9 m였습니다. 오늘 다시 재어 보니 한 달 전보다 0.4 m가 더 자라서 식물의 키는 □ m가 되었습니다.

2

달걀 한 개의 영양 성분입니다.

달걀 한 개에 들어 있는 단백질과 지방은 □ g입니다.

3

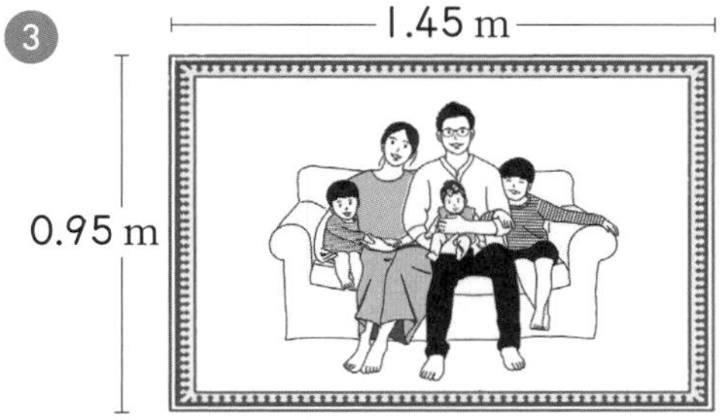

거실에 현우네 가족 사진이 걸려 있습니다.

액자의 가로는 세로보다 □ m 더 깁니다.

4

세 사람의 50 m 달리기 기록입니다.

가장 빠른 사람과 가장 느린 사람의 기록의 차는 □ 초입니다.

목표 시간 3분

계산 결과가 더 큰 길로 가면 집에 무사히 도착할 수 있어요. 동물 친구들은 어떤 길로 가야할까요? 더 큰 계산식이 적힌 길을 따라가 보세요.

1

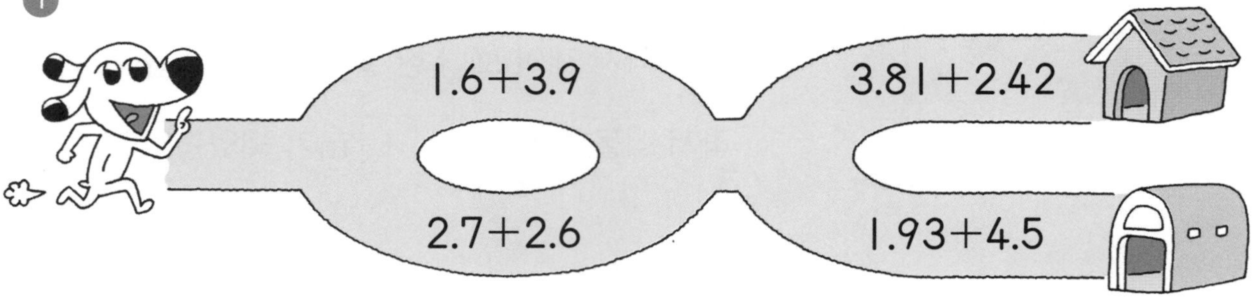

2

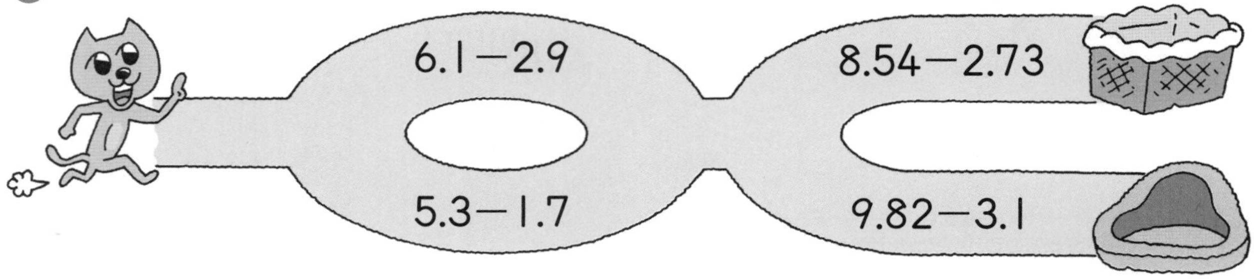

3

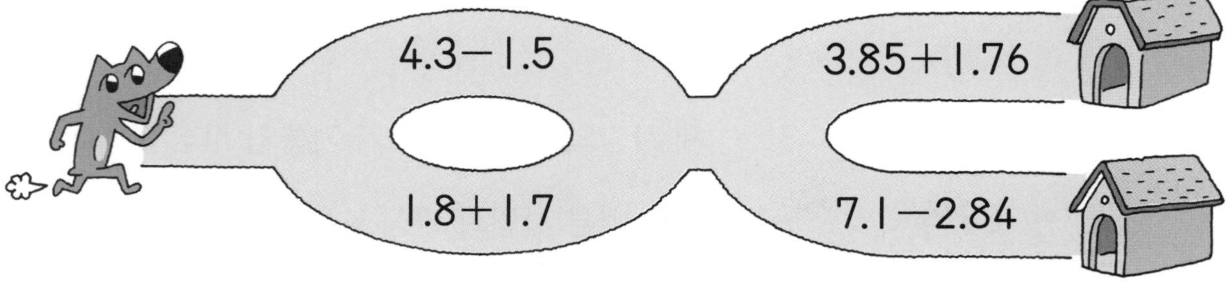

다섯째 마당

삼각형, 사각형

교과서 2. 삼각형, 4. 사각형

53 이등변삼각형은 두 각의 크기가 같아

54 두 직선이 서로 수직으로 만나서 이루는 각은 90°

55 평행사변형의 두 가지 성질은 꼭 외우자

56 마름모는 평행사변형의 성질이 그대로!

57 도형에서 각도 구하기 한 번 더!

58 생활 속 연산 — 삼각형, 사각형

바빠 개념 쏙쏙!

✪ 이등변삼각형에서 각도 구하기

성질 길이가 같은 두 변과 함께하는 두 각의 크기가 같습니다.

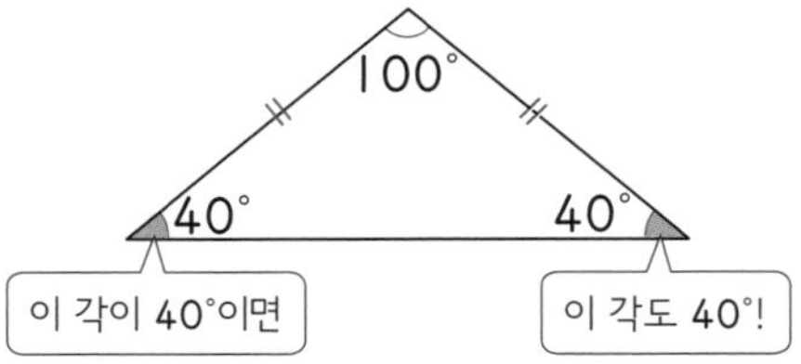

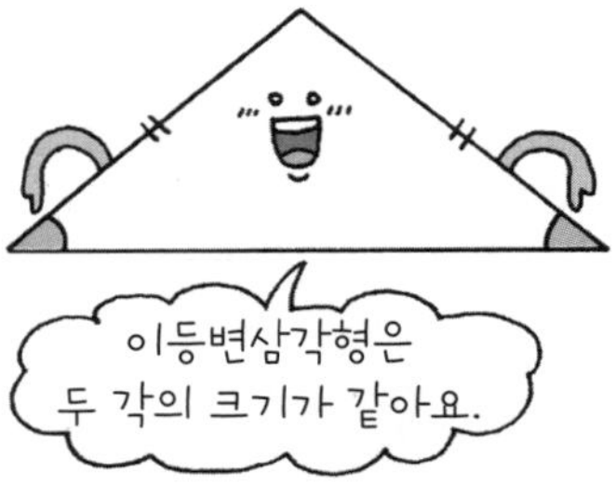

✪ 두 직선에서 각도 구하기

두 직선이 서로 수직으로 만나서 이루는 각은 직각(90°)입니다.

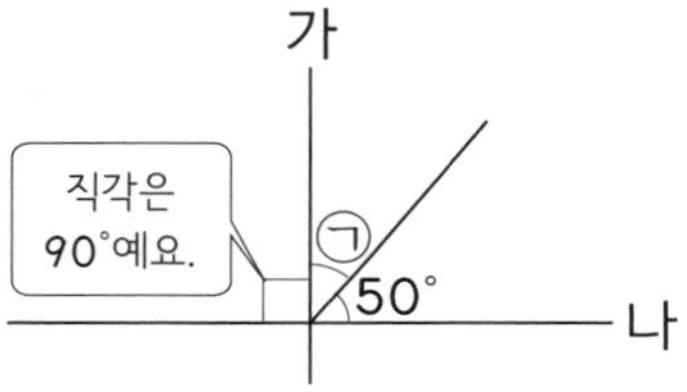

㉠=90°−50°=40°

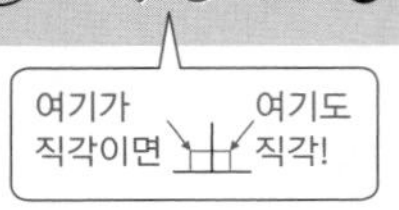

✪ 평행사변형에서 각도 구하기

성질 1 마주 보는 두 각의 크기는 서로 같습니다.

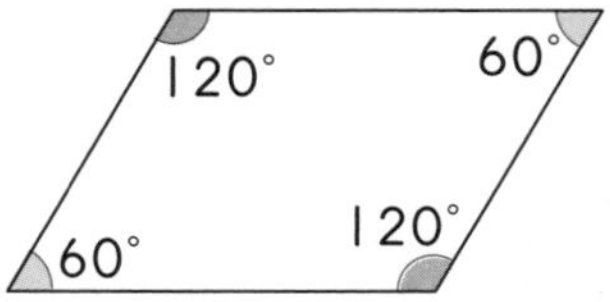

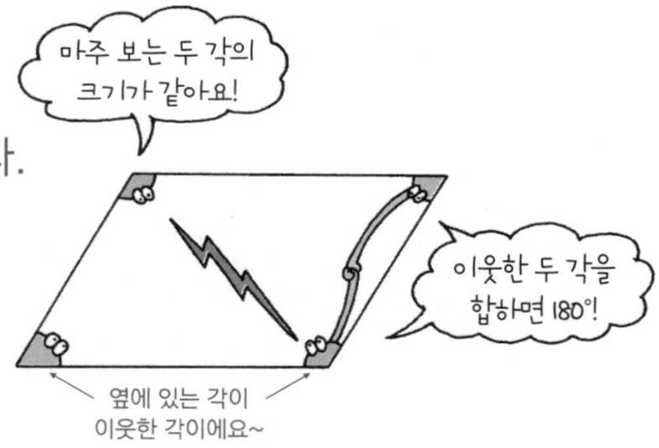

성질 2 이웃한 두 각의 크기의 합은 180°입니다.

㉠=180°−60°=120°

53 이등변삼각형은 두 각의 크기가 같아

목표 시간 2분

다음 도형은 이등변삼각형입니다. □ 안에 알맞은 수를 써넣으세요.

'등'이 등호(=)의 '등'처럼 '같다'는 뜻이에요.
즉, 두 변이 같은 삼각형!

1
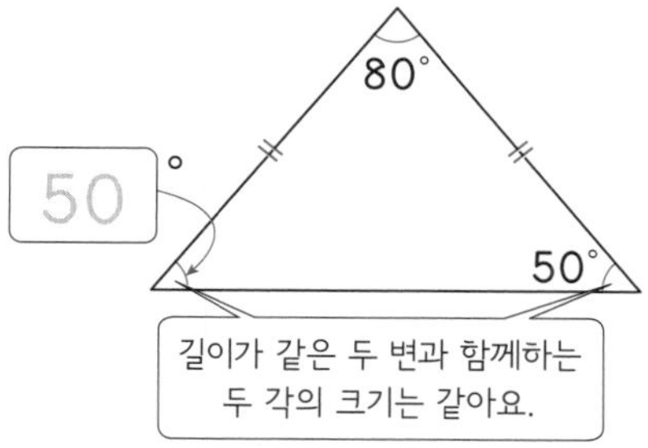
80°
50°
50°
길이가 같은 두 변과 함께하는
두 각의 크기는 같아요.

2
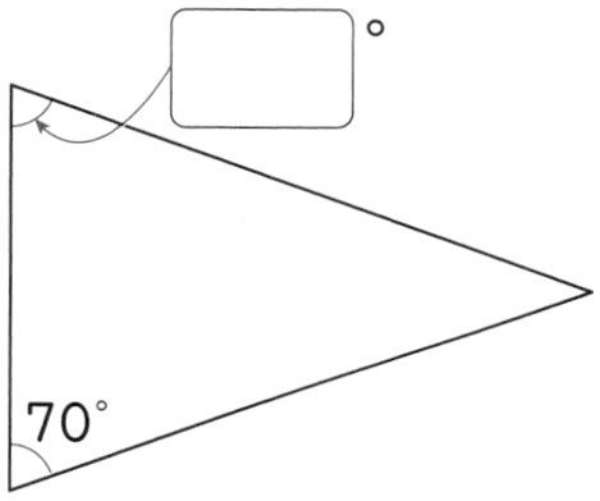
°
70°

3
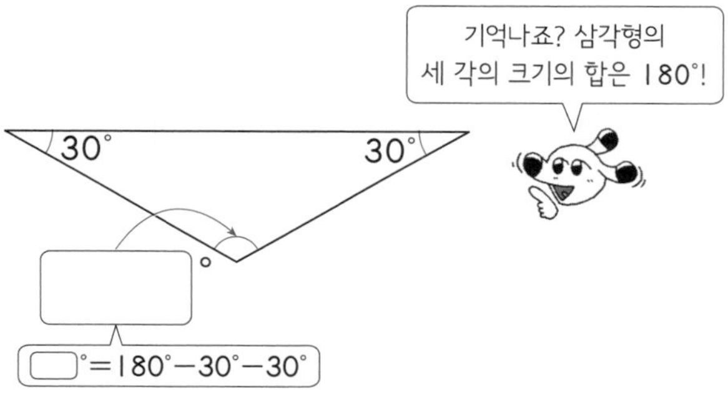
기억나죠? 삼각형의
세 각의 크기의 합은 180°!
30°
30°
°
□°=180°−30°−30°

4
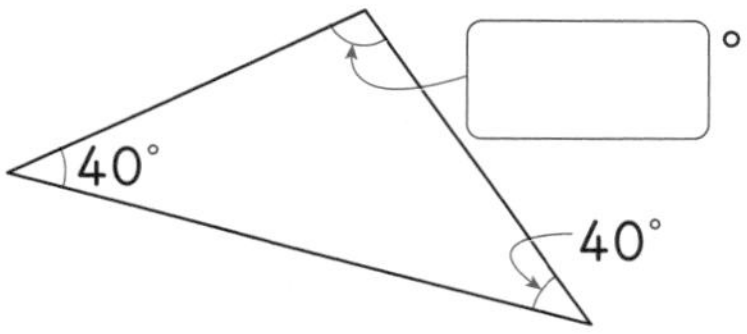
°
40°
40°

5
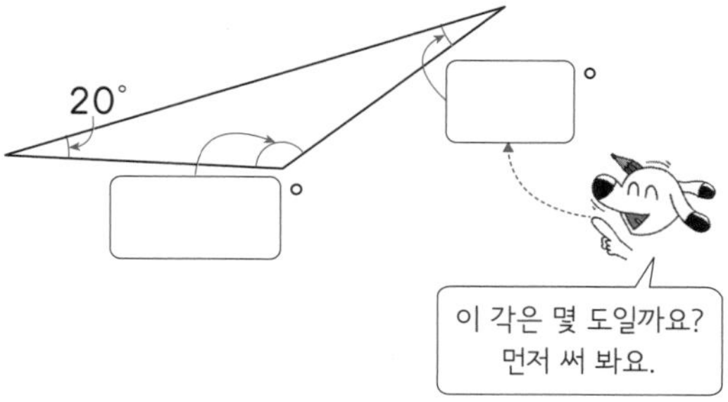
20°
°
°
이 각은 몇 도일까요?
먼저 써 봐요.

6
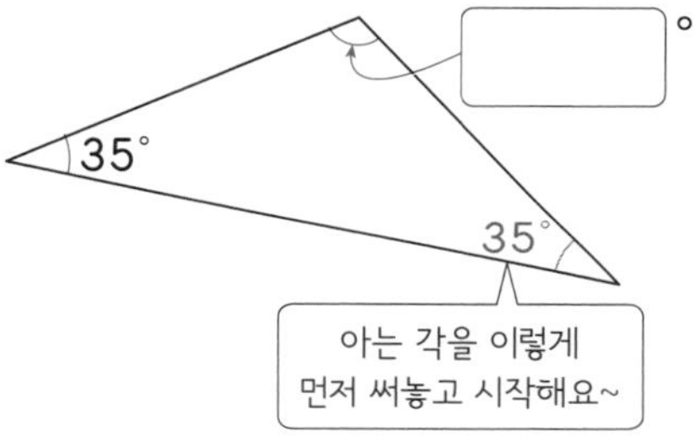
°
35°
35°
아는 각을 이렇게
먼저 써놓고 시작해요~

7
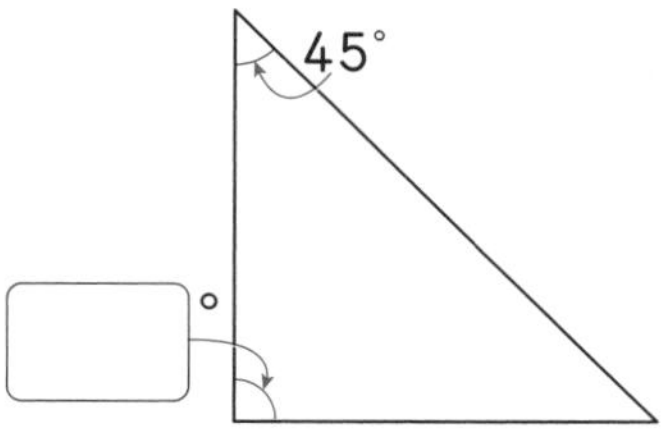
45°
°

8
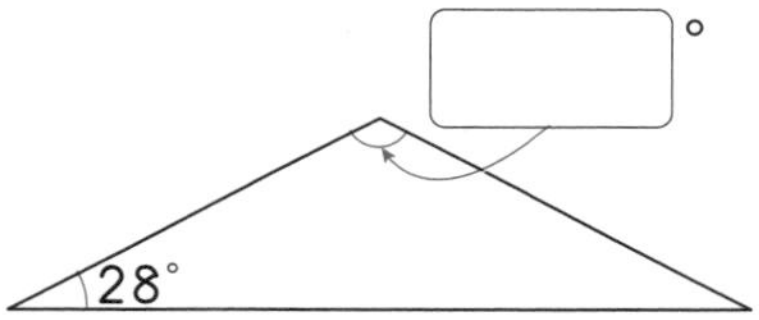
°
28°

※ 다음 도형은 이등변삼각형입니다. □ 안에 알맞은 수를 써넣으세요.

❶

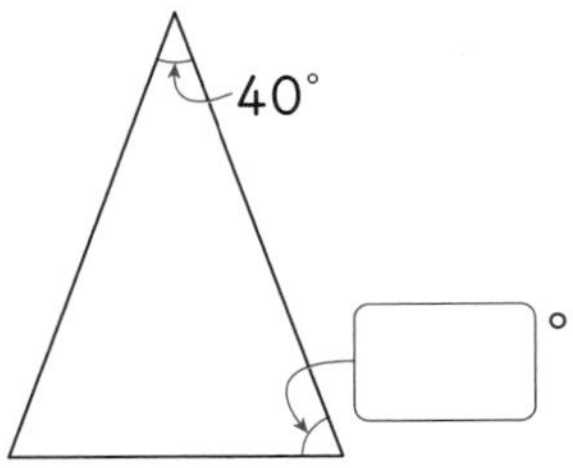

40°+□°+□°=180°니까
180°에서 40°를 뺀 값을
2로 나누면 되겠네요~

❷

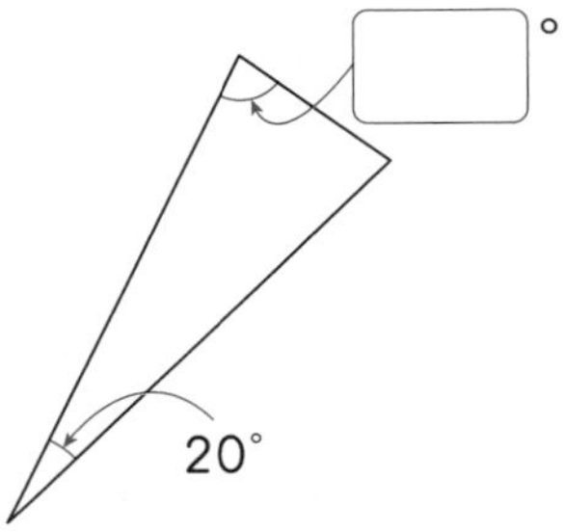

❸

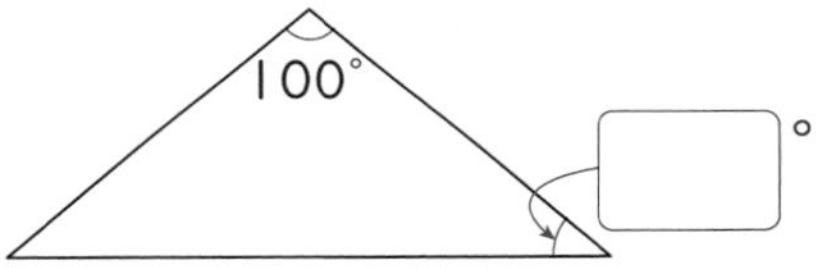

❹

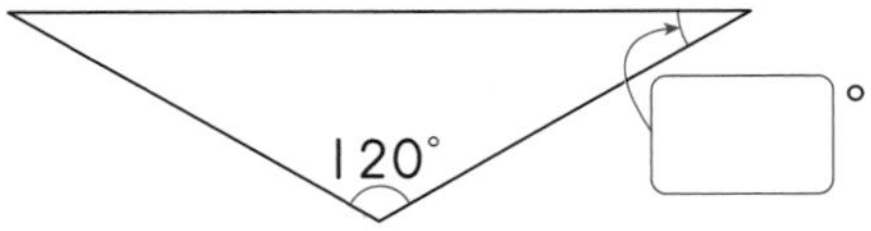

❺

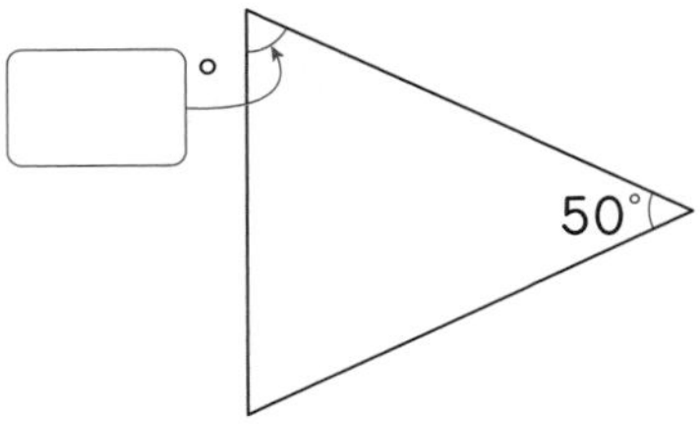

❻

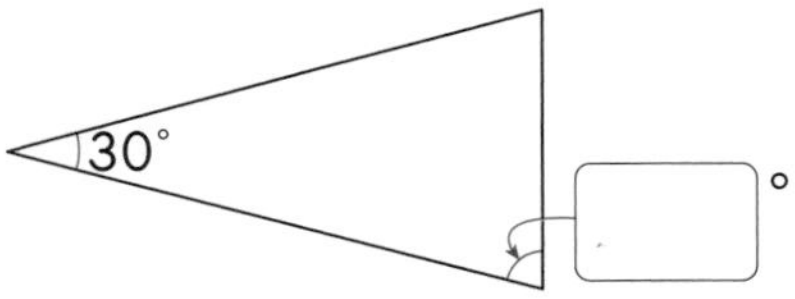

❼

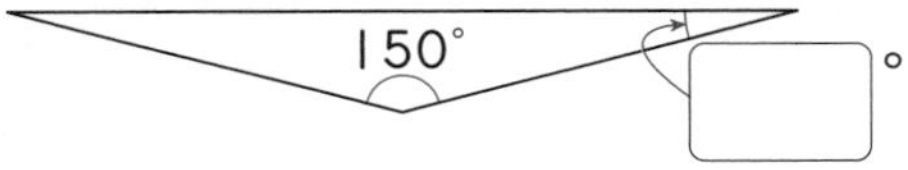

❽

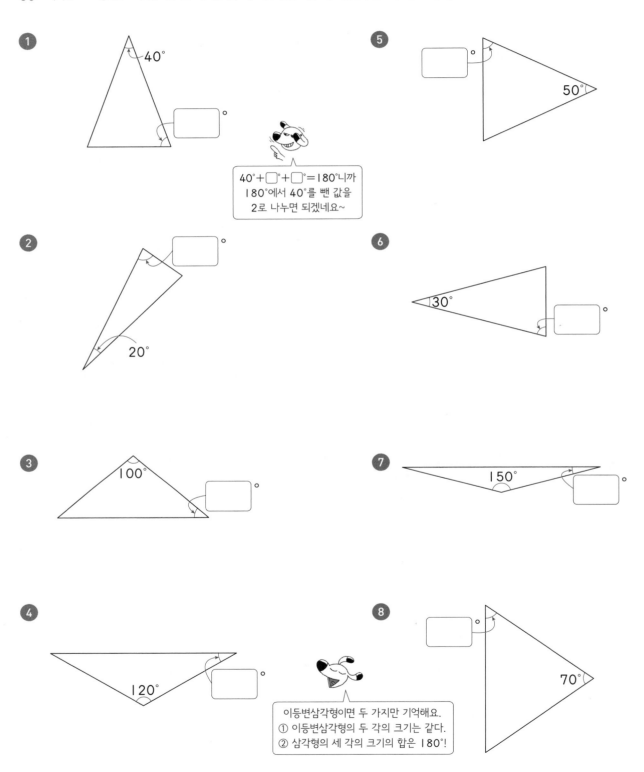

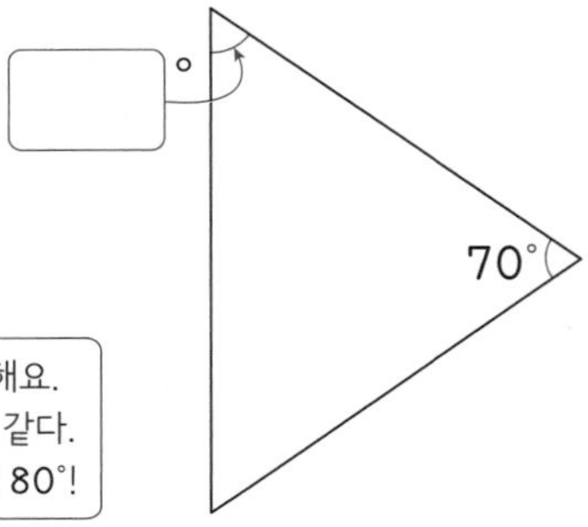

이등변삼각형이면 두 가지만 기억해요.
① 이등변삼각형의 두 각의 크기는 같다.
② 삼각형의 세 각의 크기의 합은 180°!

54 두 직선이 서로 수직으로 만나서 이루는 각은 90°

목표 시간 2분

※ 직선 가와 직선 나는 서로 수직입니다. ㉠의 크기를 구하세요.

└ 서로 수직이면 직각으로 만나요.

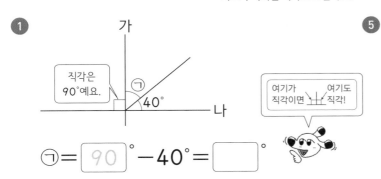

1

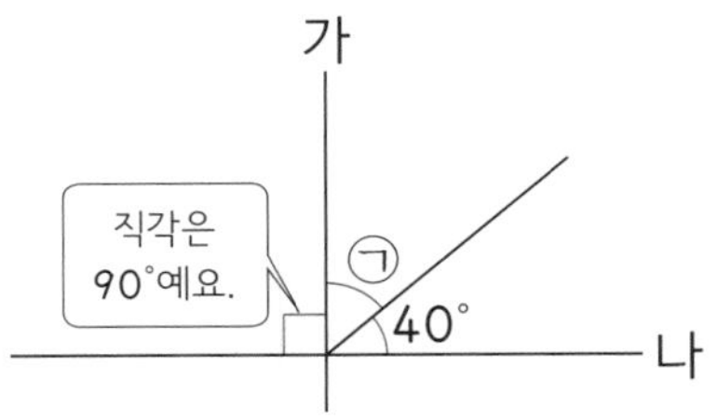

여기가 직각이면 여기도 직각!

㉠ = [90]° − 40° = [　　]°

5

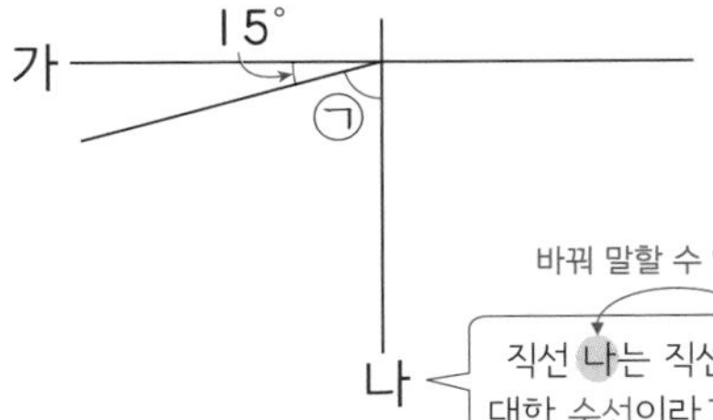

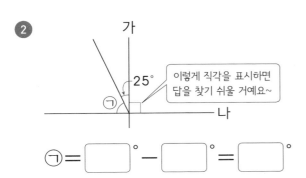

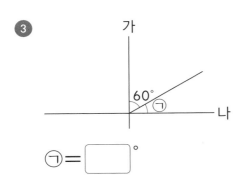

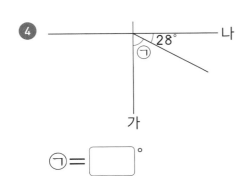

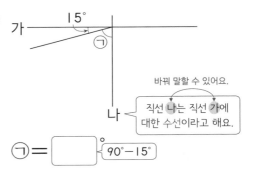

바꿔 말할 수 있어요.
직선 나는 직선 가에 대한 수선이라고 해요.

㉠ = [　　]° (90° − 15°)

2

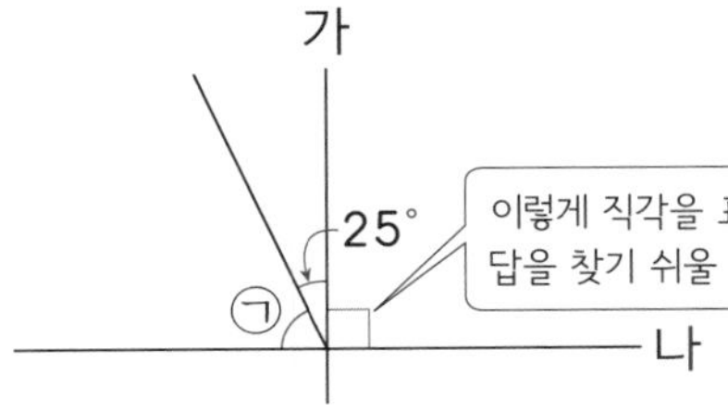

이렇게 직각을 표시하면 답을 찾기 쉬울 거예요~

㉠ = [　　]° − [　　]° = [　　]°

6

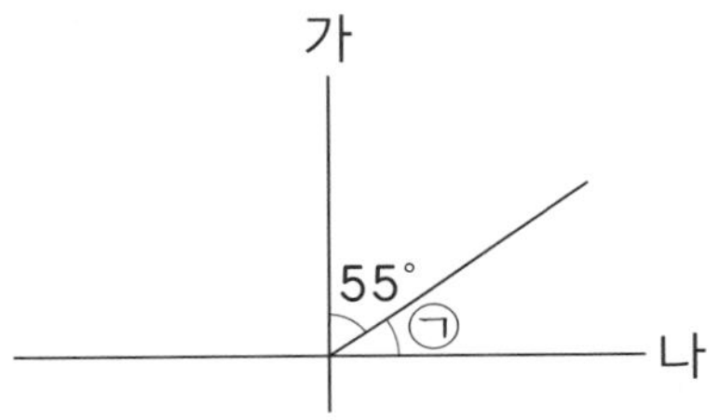

㉠ = [　　]°

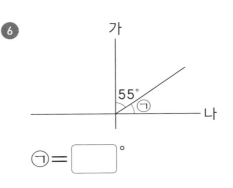

3

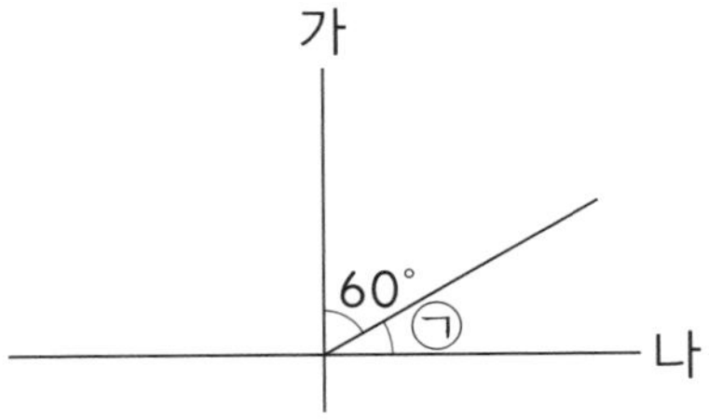

㉠ = [　　]°

7

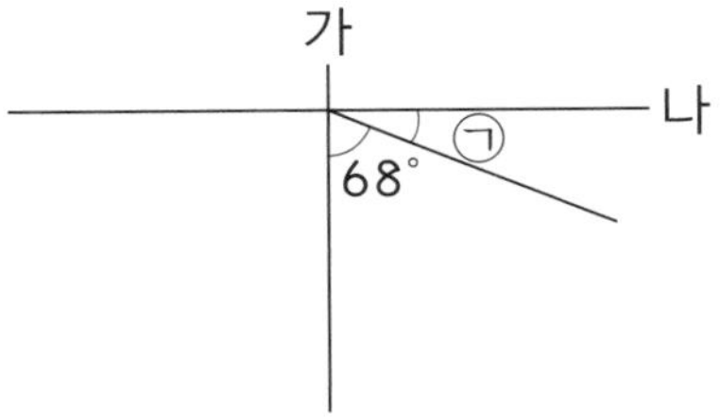

㉠ = [　　]°

4

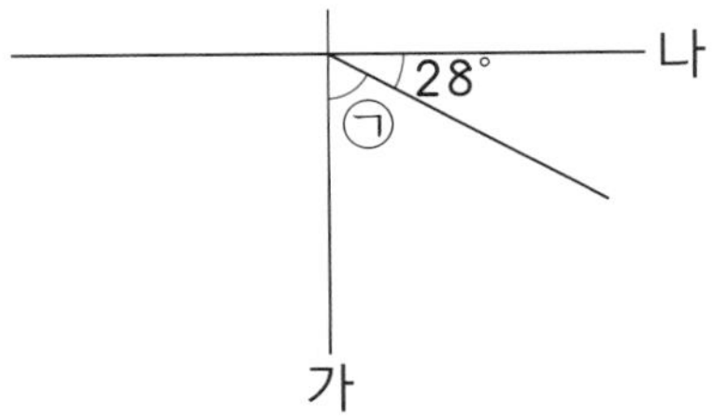

㉠ = [　　]°

서로 수직이면
→ 직각으로 만난다.
→ 90°를 이용하자!

8

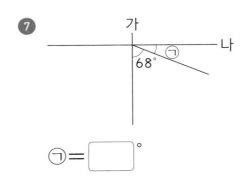

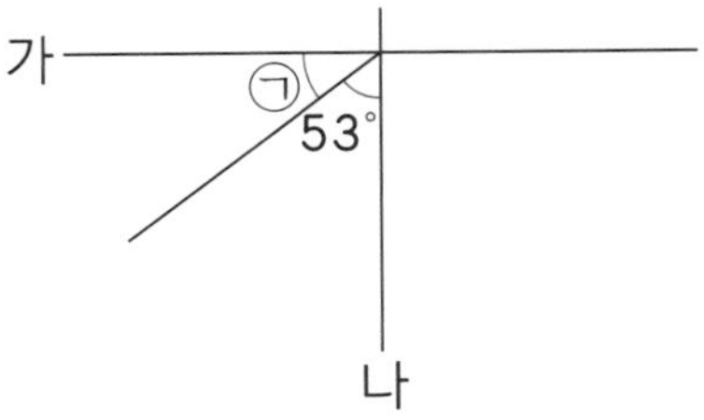

㉠ = [　　]°

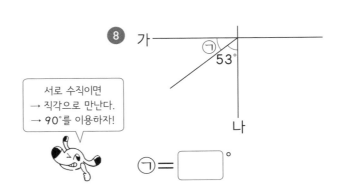

※ 직선 가와 직선 나는 서로 수직입니다. ㉠의 크기를 구하세요.

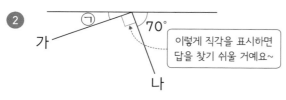

❶

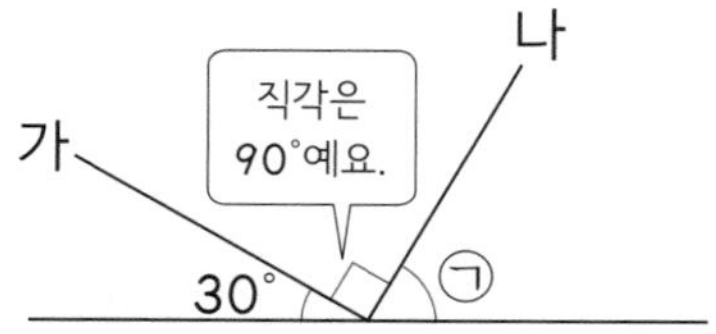

일직선이 이루는 각의 크기는 180°예요.

㉠=180°−[90]°−30°=[ ]°

❷

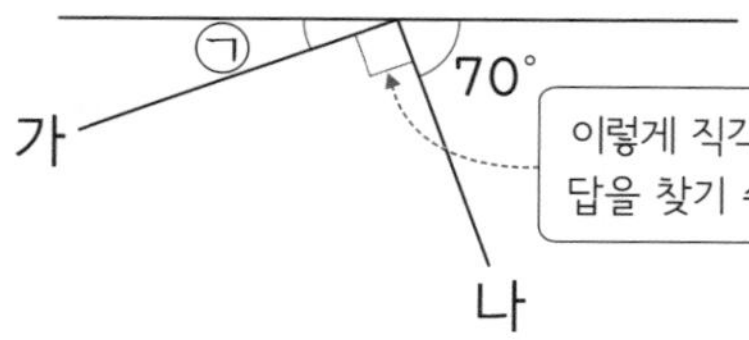

이렇게 직각을 표시하면 답을 찾기 쉬울 거예요~

㉠=[180]°−[ ]°−70°

=[ ]°

❸

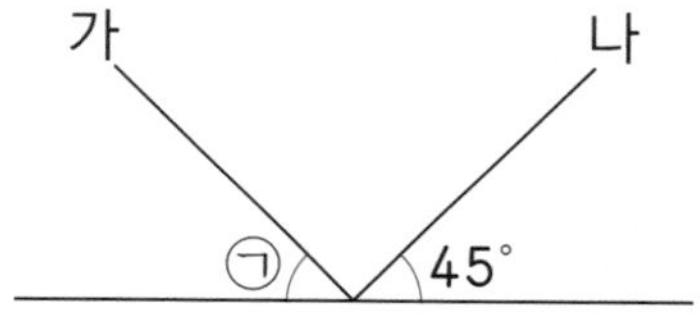

180°에서 직각(90°)을 빼면 90°니까 90°에서 바로 45°를 빼면 쉬워요.

㉠=[ ]°

❹

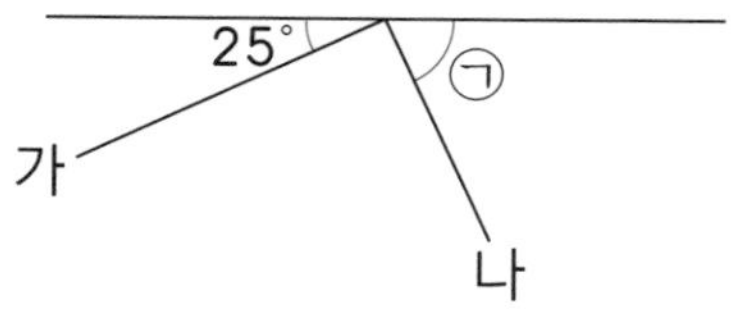

㉠=[ ]°

❺

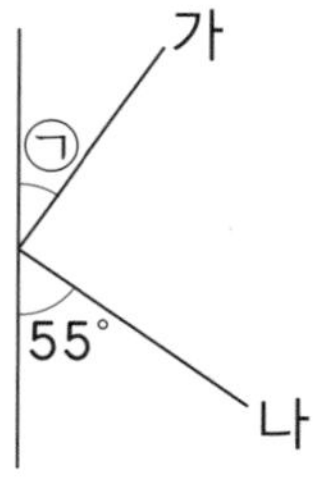

㉠=[ ]°

❻

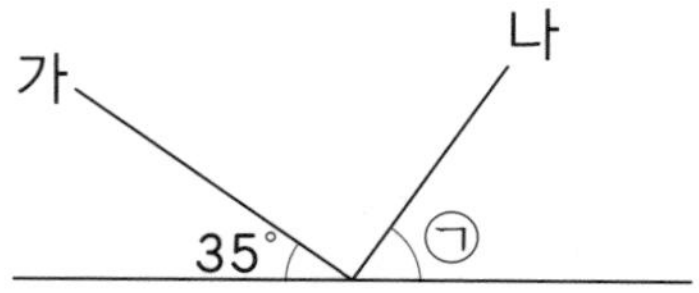

㉠=[ ]°

❼

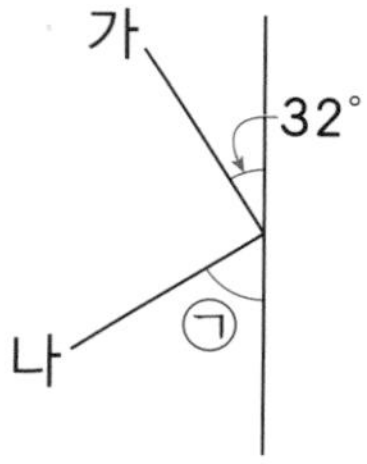

㉠=[ ]°

❽

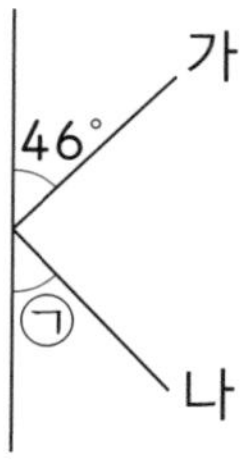

㉠=[ ]°

두 직선이 수직이면 두 가지만 기억해요.
① 일직선이 이루는 각의 크기는 180°!
② 서로 수직으로 만나서 이루는 각은 90°!

55 평행사변형의 두 가지 성질은 꼭 외우자

목표 시간 2분

❀ 다음 도형은 평행사변형입니다. □ 안에 알맞은 수를 써넣으세요.

마주 보는 두 쌍의 변이 서로 평행한 사각형이에요.

 1

110°

110

평행사변형에서 마주 보는 두 각의 크기는 서로 같아요.

5

140°

□°

2

50°

□°

6

□°

75°

평행사변형에서 이웃한 두 각의 크기의 합은 180°예요.

 3

30°

이웃한 사이에요.

□°

7

□°

125°

4

□°

100°

8

134°

□°

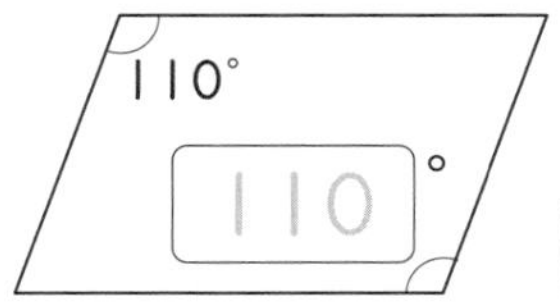

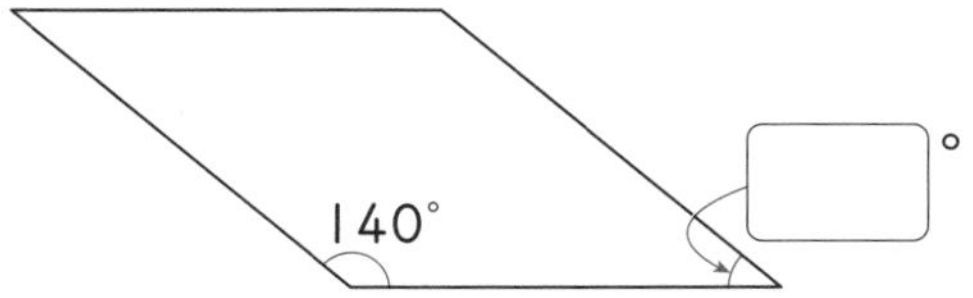

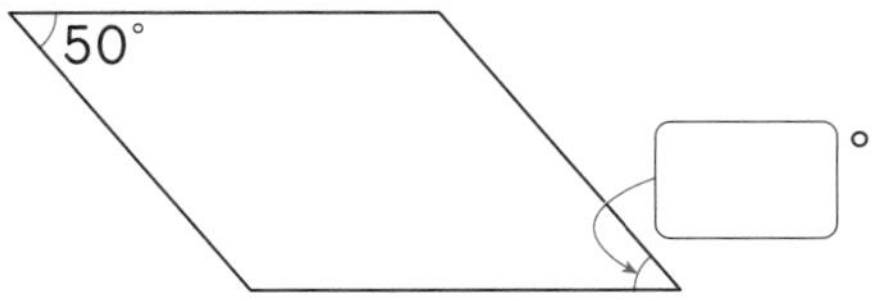

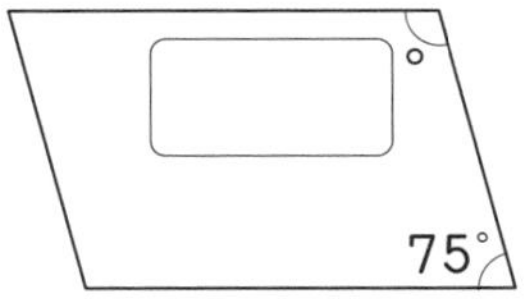

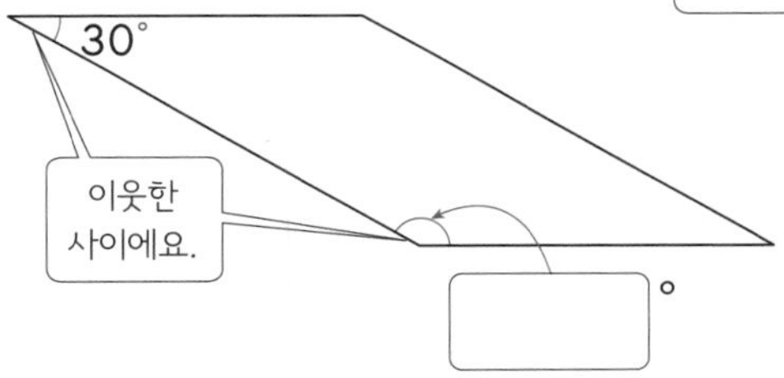

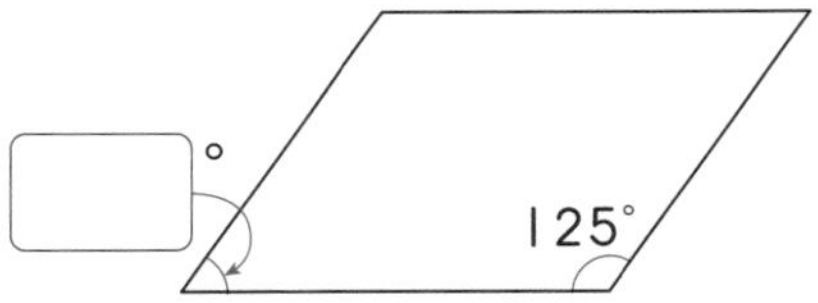

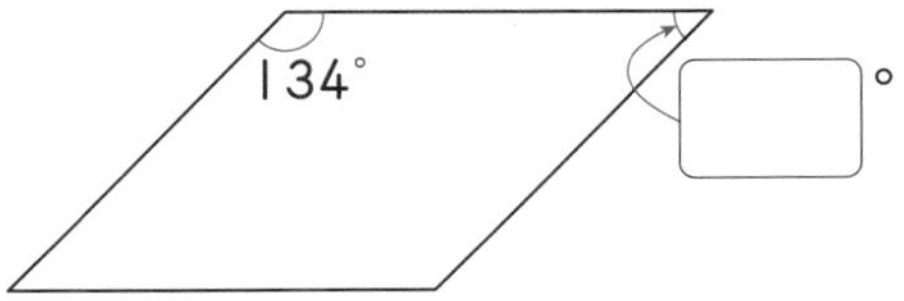

다음 도형은 평행사변형입니다. □ 안에 알맞은 수를 써넣으세요.

❶

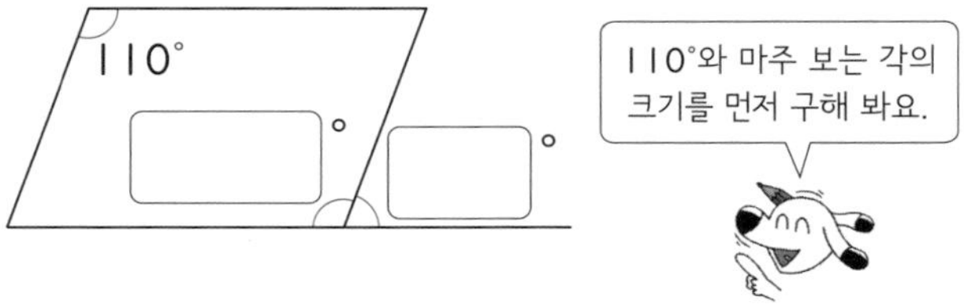
110°
°
°
110°와 마주 보는 각의
크기를 먼저 구해 봐요.

❺

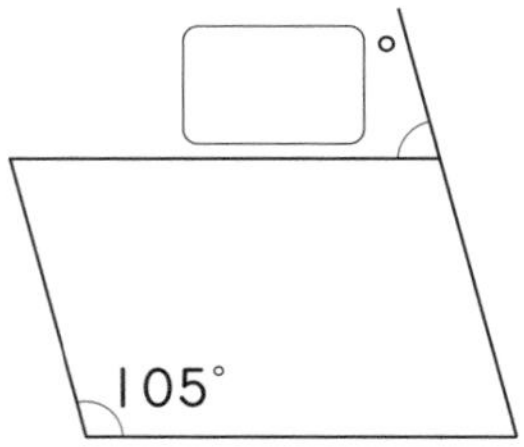
°
105°

❷

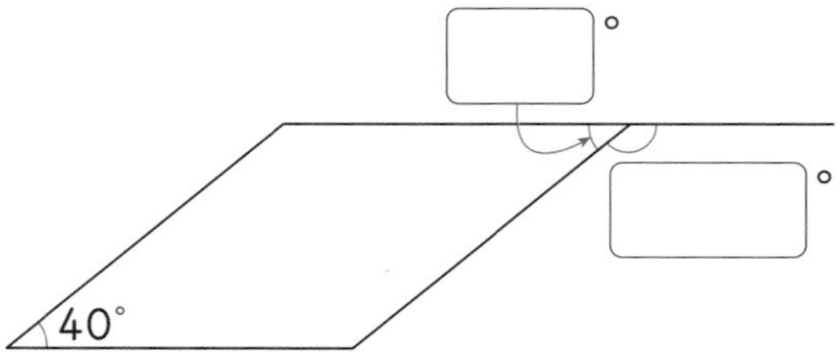
°
°
40°

❻

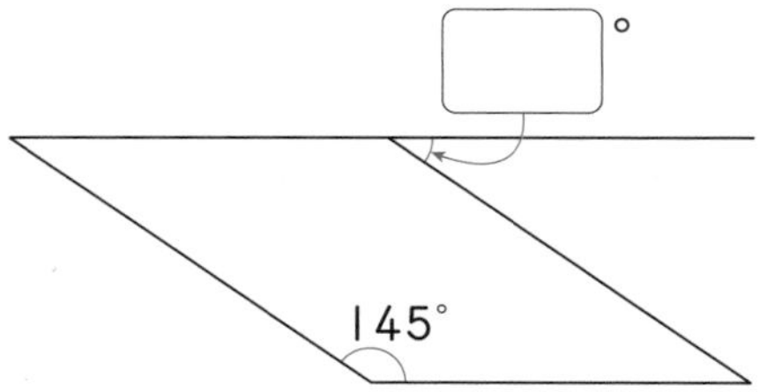
°
145°

❸

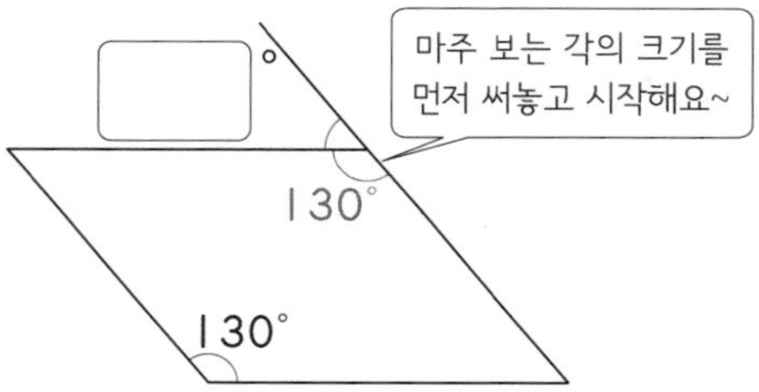
°
마주 보는 각의 크기를
먼저 써놓고 시작해요~
130°
130°

❼

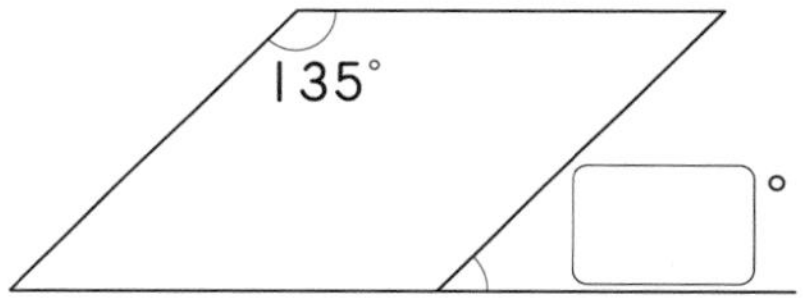
135°
°

❹

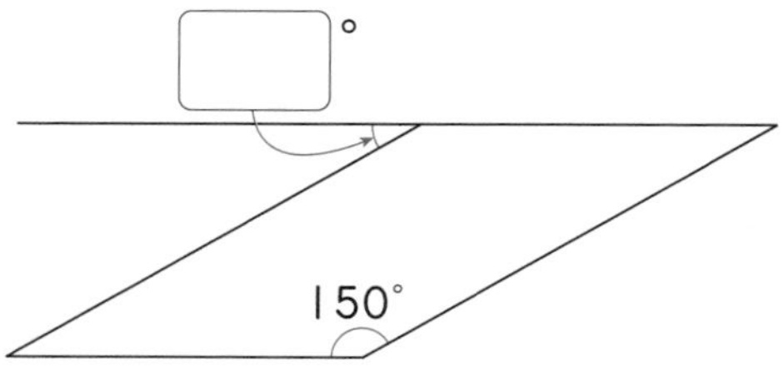
°
150°

❽

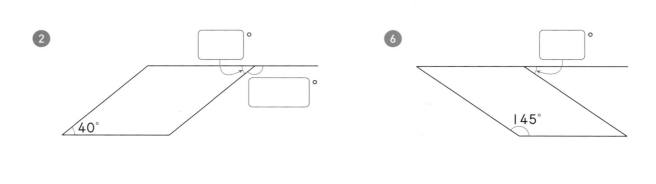

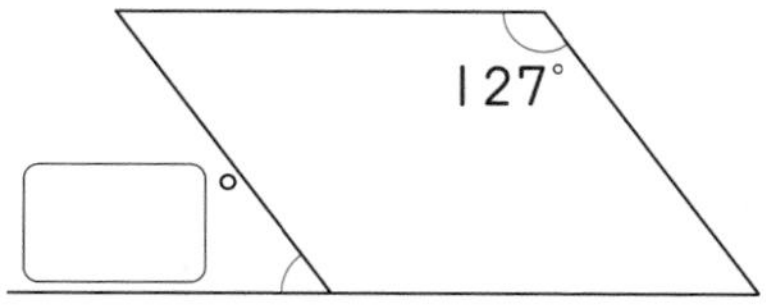
127°
°

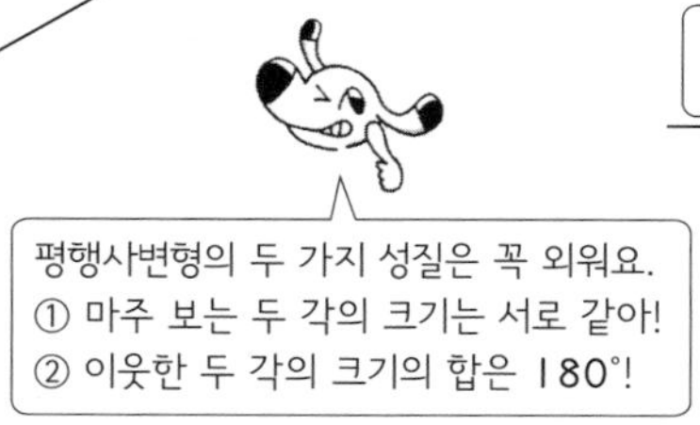
평행사변형의 두 가지 성질은 꼭 외워요.
① 마주 보는 두 각의 크기는 서로 같아!
② 이웃한 두 각의 크기의 합은 180°!

56 마름모는 평행사변형의 성질이 그대로!

목표 시간 2분

다음 도형은 마름모입니다. □ 안에 알맞은 수를 써넣으세요.
네 변의 길이가 모두 같은 사각형이에요.

❶
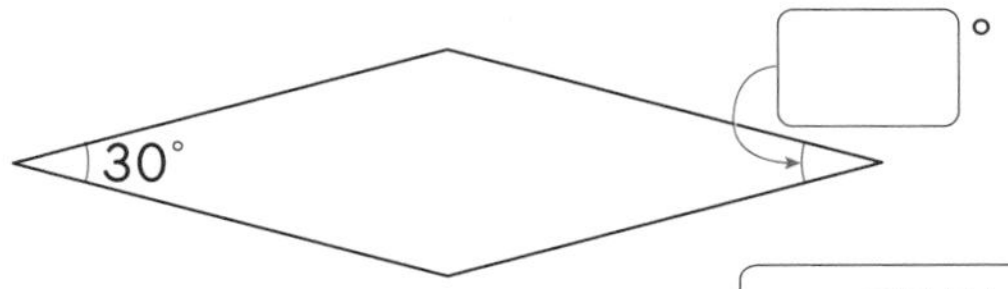

마름모는 평행사변형 중에서
네 변의 길이가 모두 같은 사각형이에요.
평행사변형의 성질을 이용해요!

❺
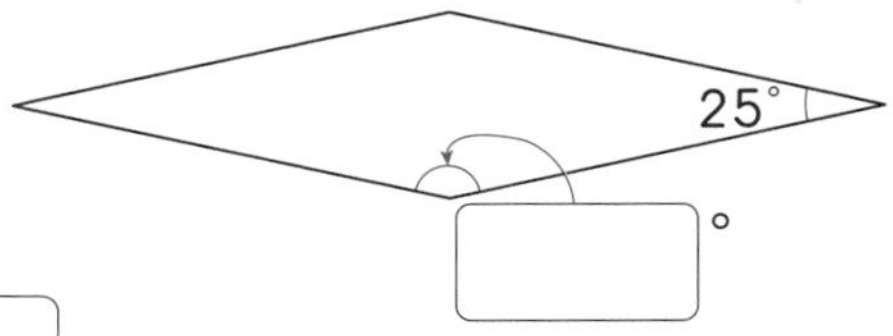

❷
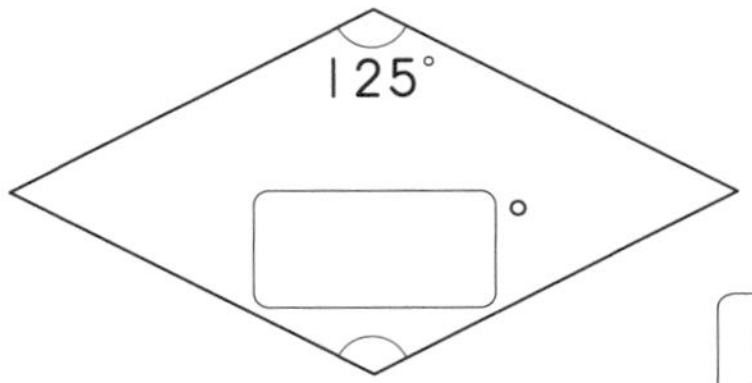

마름모에서 마주 보는
두 각의 크기는 같아요.

❻
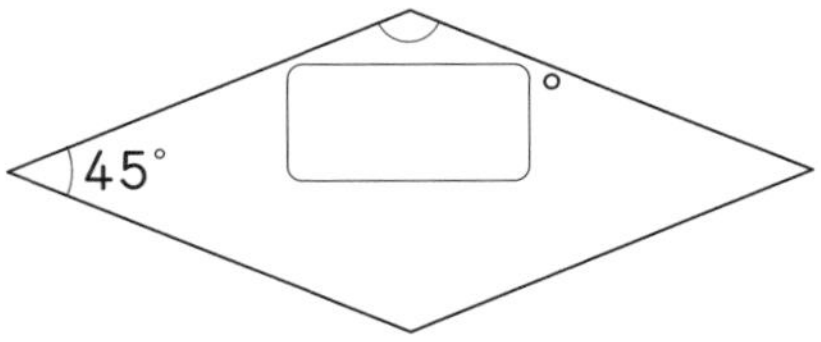

❸
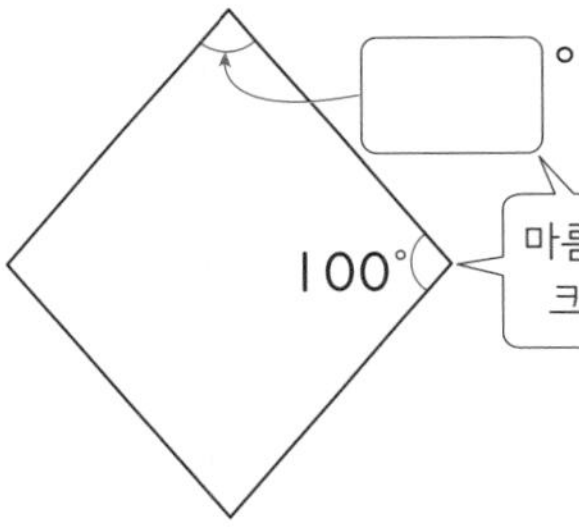

마름모에서 이웃한 두 각의
크기의 합은 180°예요.

❼
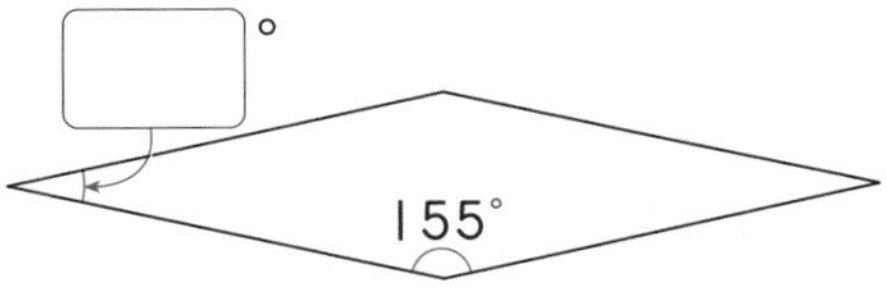

❹
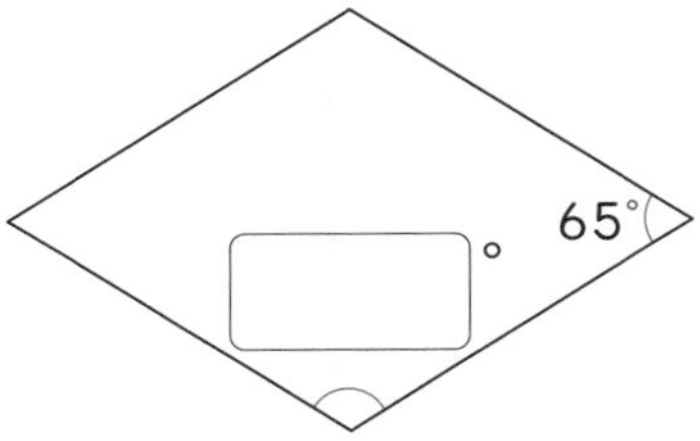

❽
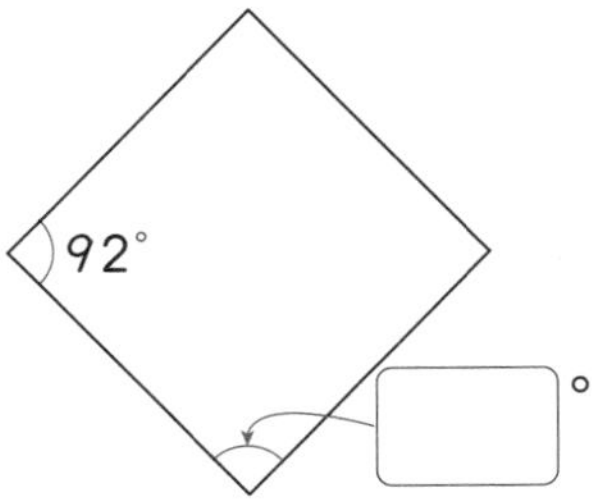

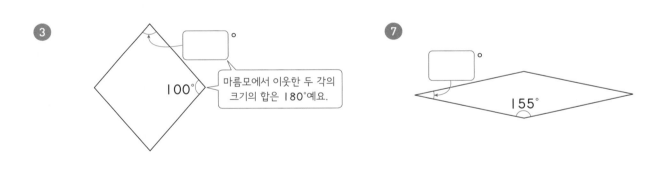

다음 도형은 마름모입니다. □ 안에 알맞은 수를 써넣으세요.

1
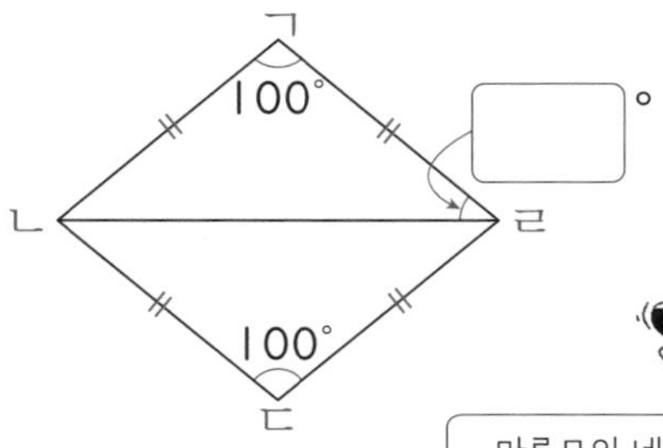

마름모의 네 변의 길이는 같으니까
삼각형 ㄱㄴㄹ은 이등변삼각형이에요.

5
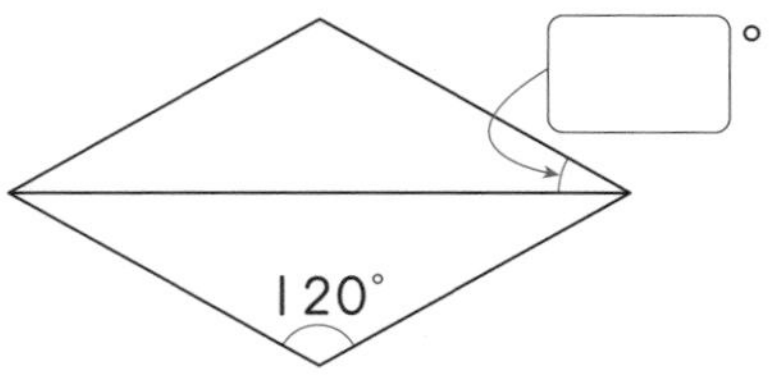

2
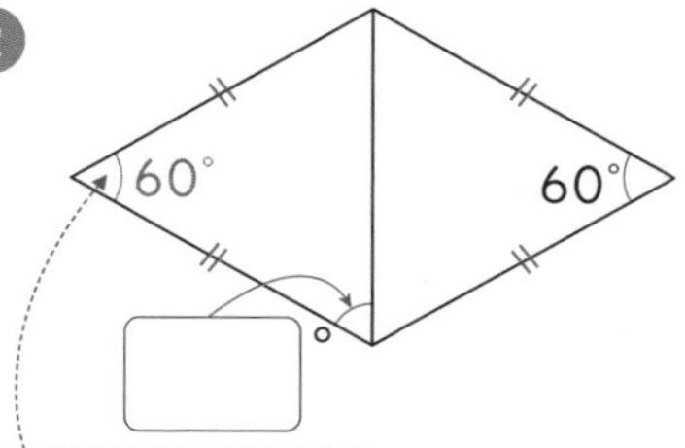

마주 보는 각의 크기를
먼저 써놓고 시작해요~

마름모 안에 선이 그어 있으면
네 변이 같다는 표시를 해 봐요!
이등변삼각형이 보일 거예요~

6
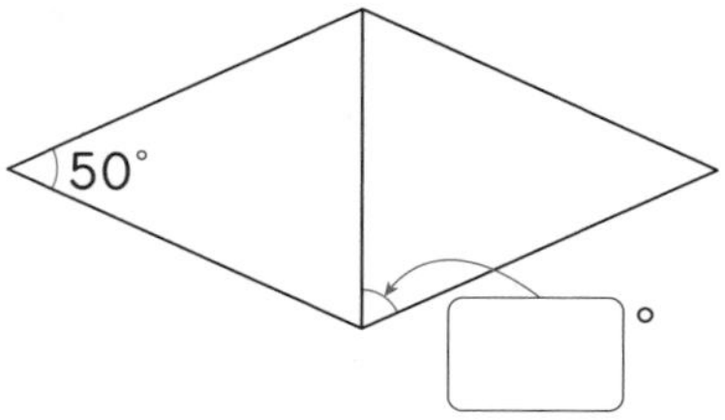

3
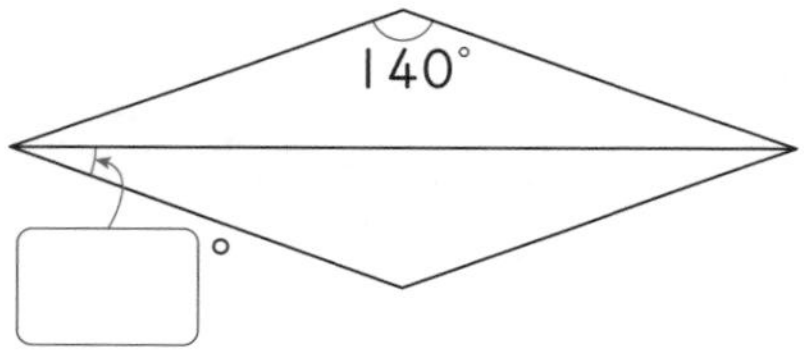

7
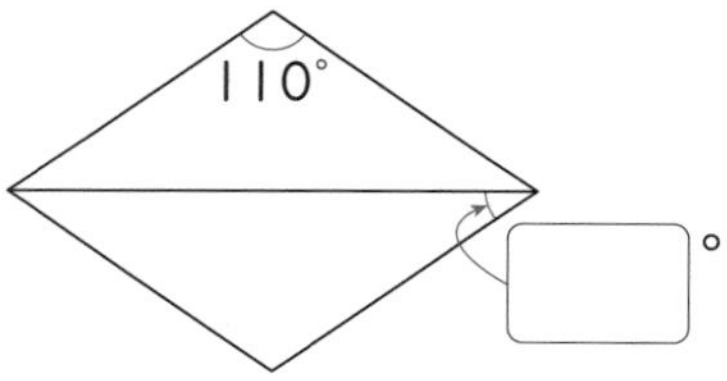

4
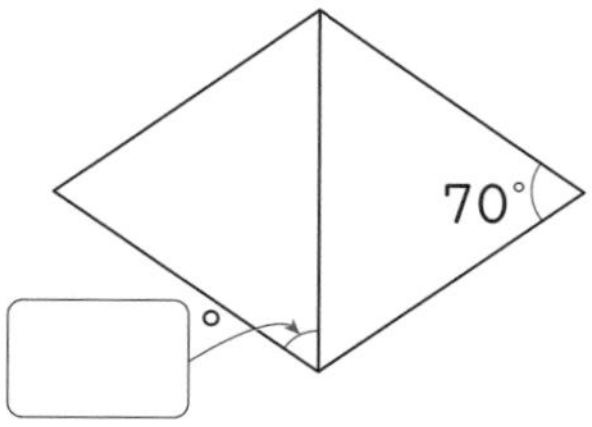

마름모는 평행사변형의 성질이 그대로!
① 마주 보는 두 각의 크기는 서로 같아!
② 이웃한 두 각의 크기의 합은 180°!

8
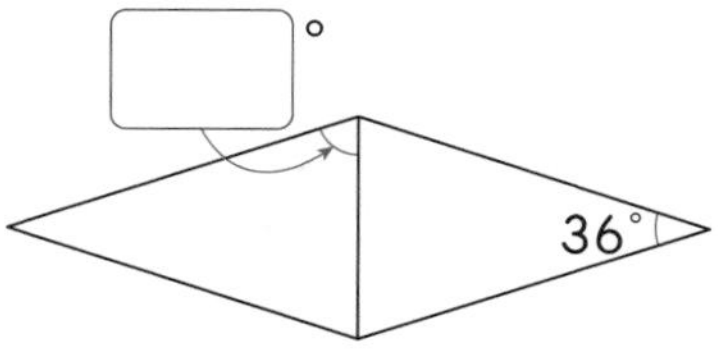

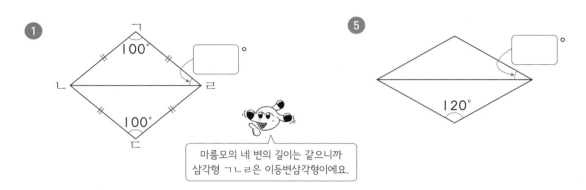

57 도형에서 각도 구하기 한 번 더!

목표 시간 3분

※ 그림을 보고 □ 안에 알맞은 수를 써넣으세요.

1 이등변삼각형

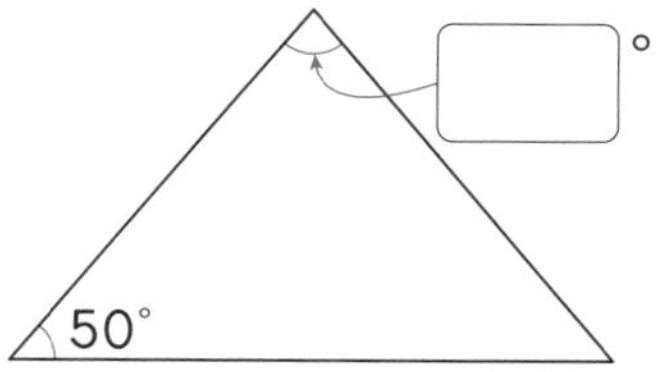

여기까지 오다니 정말 대단해요!
도형을 모아 풀면서 복습하면
더 완벽해지겠죠?

2 이등변삼각형

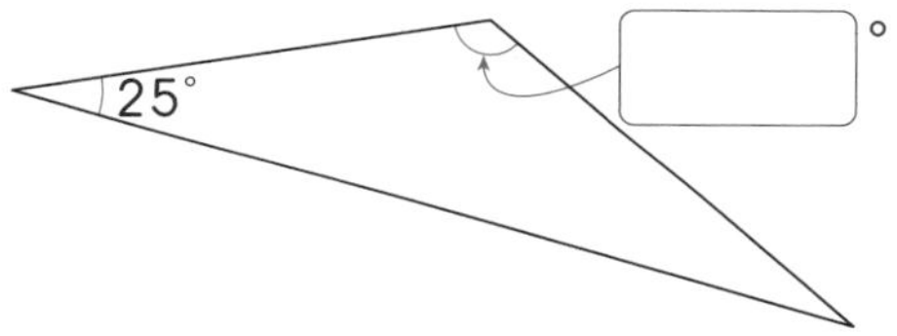

3 이등변삼각형

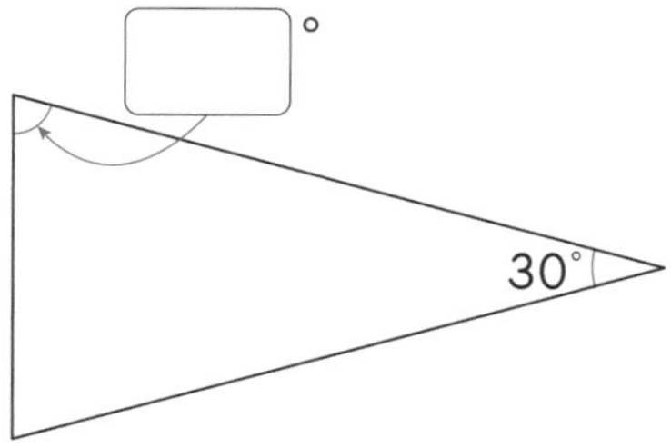

4 이등변삼각형

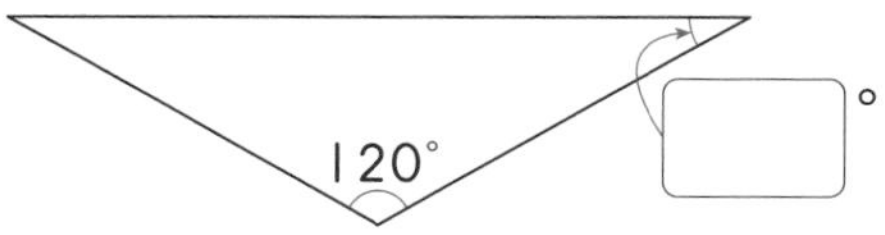

5 직선 가와 직선 나는 서로 수직

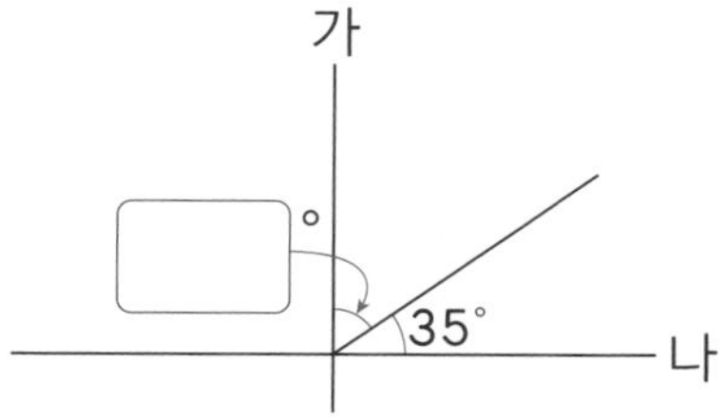

6 직선 가와 직선 나는 서로 수직

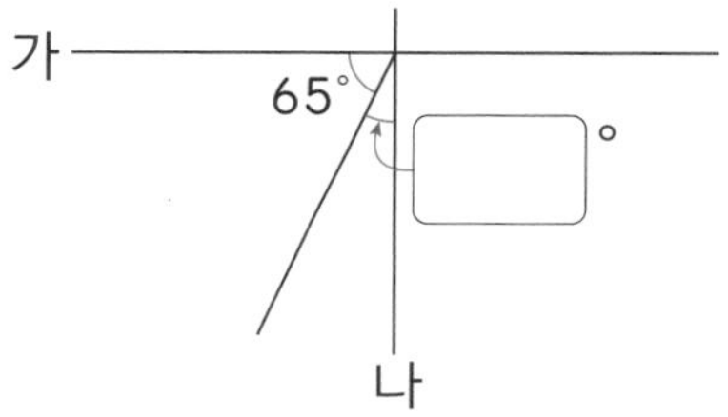

7 직선 가와 직선 나는 서로 수직

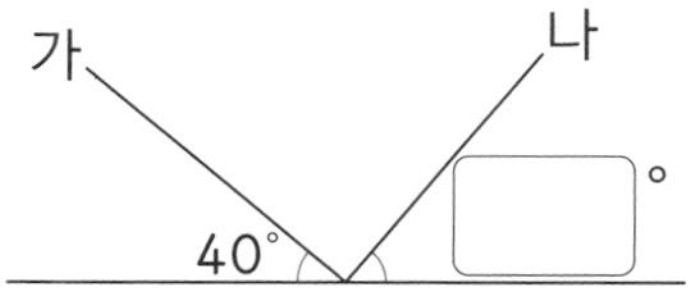

8 직선 가와 직선 나는 서로 수직

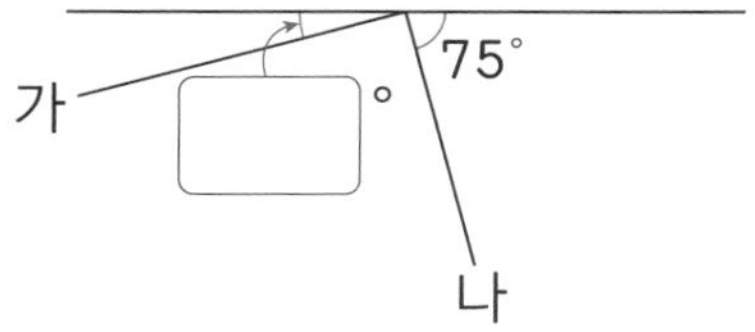

※ 도형을 보고 □ 안에 알맞은 수를 써넣으세요.

1 평행사변형

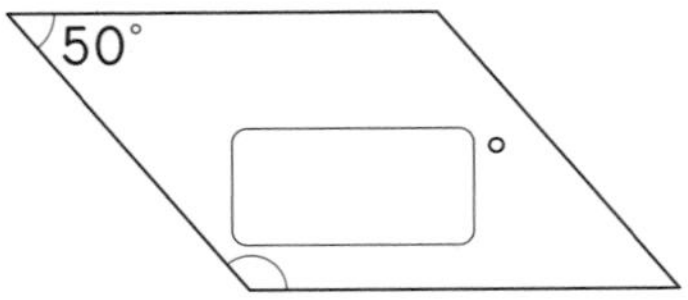

2 평행사변형

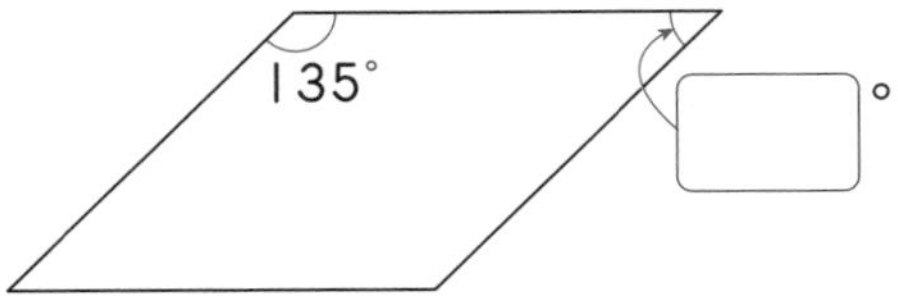

3 평행사변형

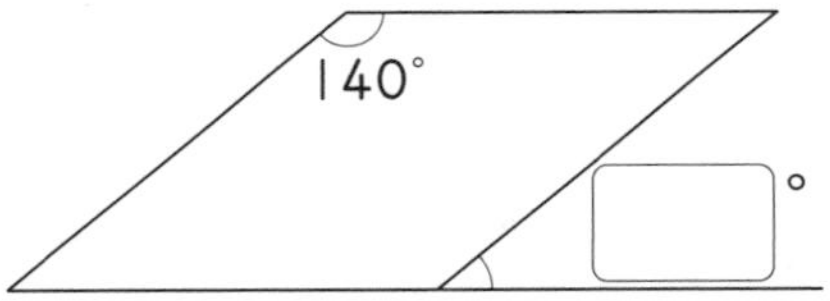

4 평행사변형

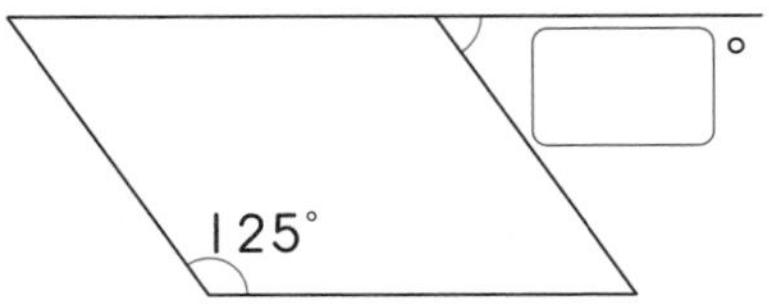

5 마름모

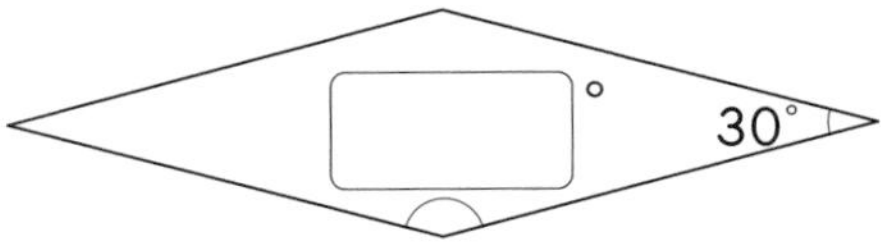

6 마름모

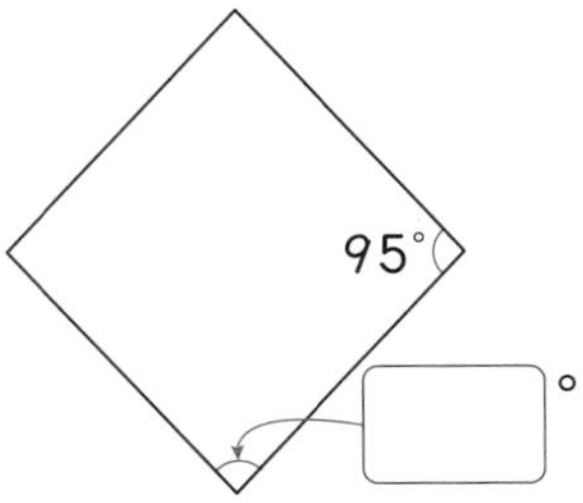

7 마름모

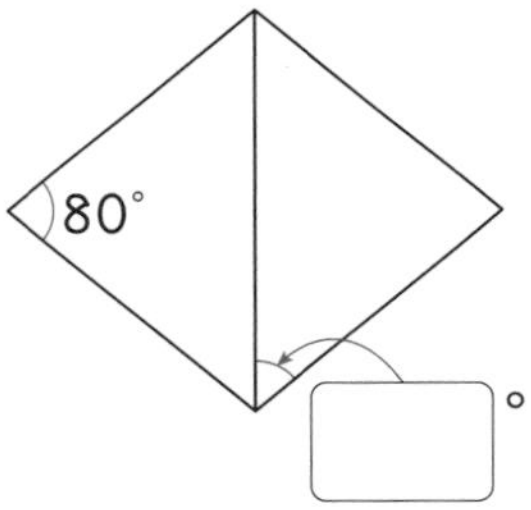

8 마름모

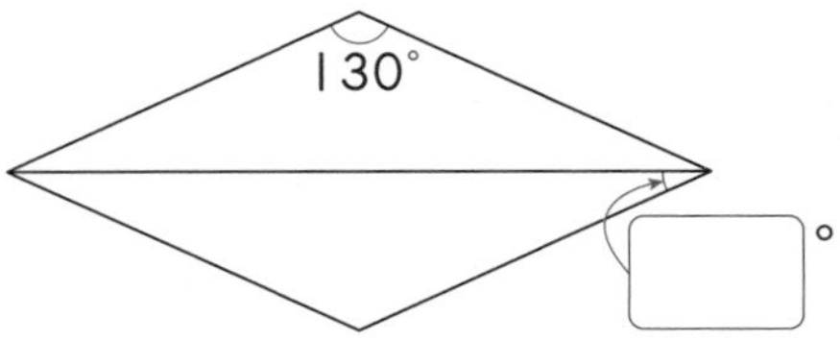

58 생활 속 연산 — 삼각형, 사각형

목표 시간 3분

※ 그림을 보고 □ 안에 알맞은 수를 써넣으세요.

❶

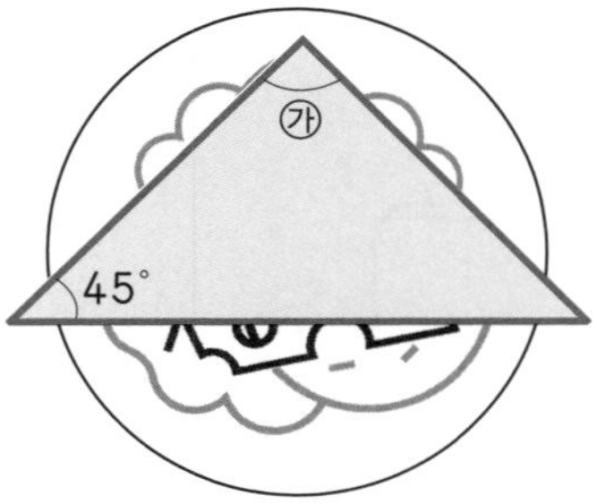

이등변삼각형 모양의 토스트를 만들었습니다.

㉮의 크기는 □°입니다.

❷

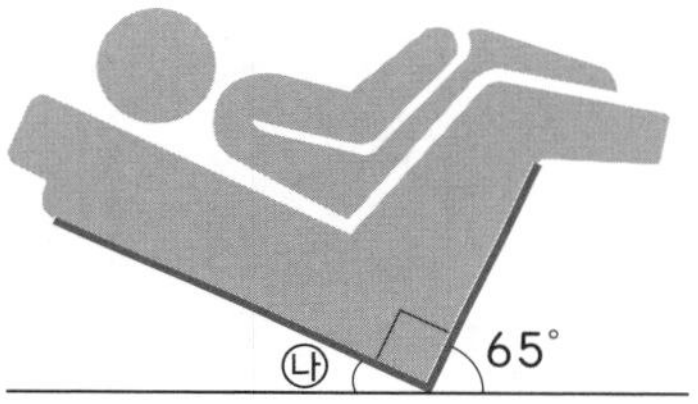

준형이는 직각이 있는 안마 의자에 앉아 있습니다.

㉯의 크기는 □°입니다.

❸

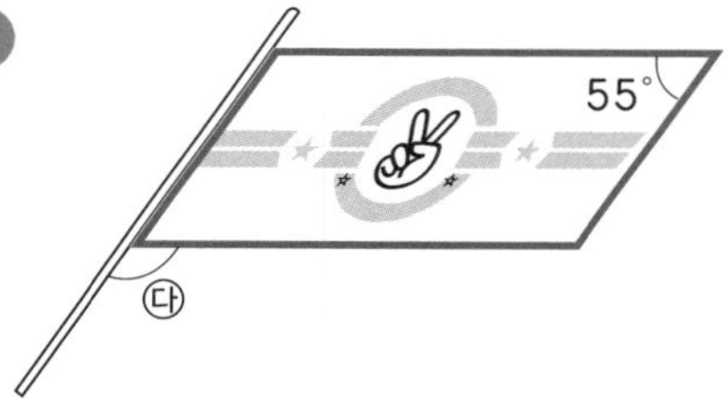

평행사변형 모양의 응원 깃발을 만들었습니다.

㉰의 크기는 □°입니다.

❹

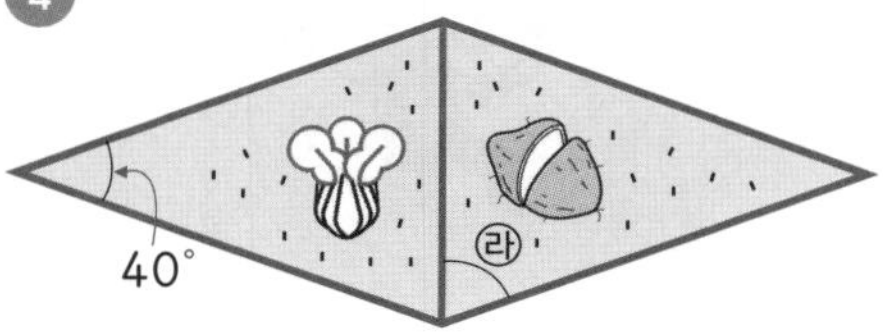

마름모 모양의 땅을 반으로 나누어 왼쪽에는 배추를, 오른쪽에는 고구마를 심었습니다.

고구마를 심은 땅의 ㉱의 크기는 □°입니다.

목표 시간 3분

동물들이 땅따먹기 놀이를 하고 있습니다. 각 동물들이 차지한 땅에서 ★이 나타내는 각도를 각각 구해 보세요.

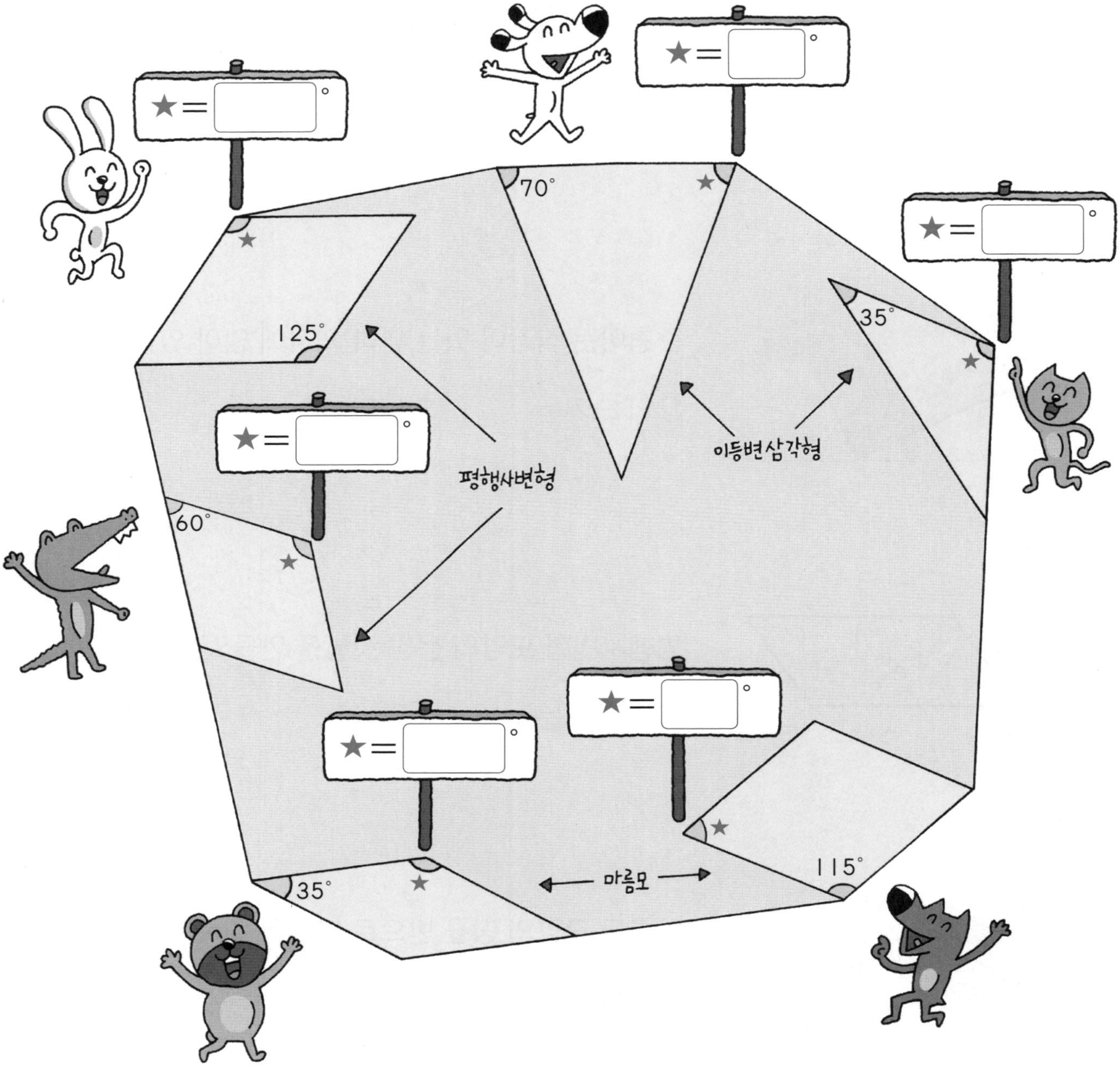

바쁜
4학년을
위한

빠른
교과서
연산

4-2	정답

스마트폰으로도 정답을 확인할 수 있어요!

맨날
노는데
수학 잘하는 너!
도대체 비결이
뭐야?

① 정답을 확인한 후 틀린 문제는 ☆표를 쳐 놓으세요~
② 그런 다음 연습장에 틀린 문제를 옮겨 적으세요.
③ 그리고 그 문제들만 한 번 더 풀어 보세요.

시간은 얼마 걸리지 않아요. 그러나 이때 실력이 확 붙는 거예요.
아는 문제를 여러 번 다시 푸는 건 시간 낭비예요.
틀린 문제만 모아서 풀면 아무리 바쁘더라도
이번 학기 수학은 걱정 없어요!

비결은
간단해!

정답 ➔ 맞은 문제는 아주 크게 ○를, 틀린 문제는 작게 ☆ 표시해 주세요. 자신감이 쑥쑥~ 높아집니다.

첫째 마당 · 분수의 덧셈

01단계 ▶▶ 11쪽

① 2, 5 ② $\frac{6}{7}$ ③ 5 ④ $\frac{7}{9}$
⑤ $\frac{9}{10}$ ⑥ $\frac{9}{11}$ ⑦ $\frac{7}{12}$ ⑧ $\frac{10}{13}$
⑨ $\frac{9}{14}$ ⑩ $\frac{11}{15}$ ⑪ $\frac{13}{16}$ ⑫ $\frac{14}{17}$

01단계 ▶▶ 12쪽

① $\frac{4}{5}$ ② $\frac{7}{8}$ ③ $\frac{8}{9}$ ④ $\frac{6}{7}$
⑤ $\frac{11}{12}$ ⑥ $\frac{9}{11}$ ⑦ $\frac{11}{13}$ ⑧ $\frac{9}{14}$
⑨ $\frac{12}{17}$ ⑩ $\frac{12}{15}$ ⑪ $\frac{12}{16}$ ⑫ $\frac{16}{19}$

02단계 ▶▶ 13쪽

① 3, 1 ② $5\frac{1}{4}$ ③ $2\frac{1}{6}$ ④ $1\frac{4}{11}$
⑤ $3\frac{2}{10}$ ⑥ $2\frac{6}{12}$ ⑦ 3, 5, 1, 1
⑧ $1\frac{3}{5}$ ⑨ 8, 1, 2 ⑩ $1\frac{4}{7}$ ⑪ 1
⑫ $1\frac{5}{9}$

02단계 ▶▶ 14쪽

① $1\frac{2}{5}$ ② $1\frac{1}{3}$ ③ $1\frac{2}{9}$ ④ $1\frac{1}{8}$
⑤ $1\frac{5}{11}$ ⑥ $1\frac{5}{12}$ ⑦ $1\frac{3}{10}$ ⑧ $1\frac{2}{13}$
⑨ $1\frac{7}{15}$ ⑩ $1\frac{11}{14}$ ⑪ $1\frac{13}{18}$ ⑫ $1\frac{14}{17}$

03단계 ▶▶ 15쪽

① $1\frac{1}{6}$ ② $1\frac{3}{7}$ ③ $1\frac{4}{9}$ ④ $1\frac{1}{10}$
⑤ $1\frac{2}{11}$ ⑥ $1\frac{1}{12}$ ⑦ $1\frac{3}{13}$ ⑧ $1\frac{9}{14}$
⑨ $1\frac{2}{15}$ ⑩ $1\frac{5}{16}$ ⑪ $1\frac{8}{17}$ ⑫ $1\frac{11}{18}$

03단계 ▶▶ 16쪽

① $1\frac{3}{8}$ ② $1\frac{3}{11}$ ③ $1\frac{1}{6}$ ④ $1\frac{7}{10}$
⑤ $1\frac{1}{14}$ ⑥ 1 ⑦ $1\frac{7}{12}$ ⑧ $1\frac{4}{15}$
⑨ $1\frac{5}{16}$ ⑩ $1\frac{15}{18}$ ⑪ $1\frac{17}{19}$

04단계 ▶▶ 17쪽

① 3, 5, 3, 5 ② 7, 6, 7, 6
③ $5\frac{3}{8}$ ④ $4\frac{7}{9}$ ⑤ $6\frac{7}{10}$ ⑥ 6, 9
⑦ $7\frac{5}{12}$ ⑧ $5\frac{9}{13}$ ⑨ $2\frac{13}{14}$ ⑩ $8\frac{11}{15}$

04단계 ▶▶ 18쪽

① $2\frac{7}{8}$ ② $3\frac{4}{9}$ ③ $7\frac{9}{10}$ ④ $5\frac{9}{11}$
⑤ $7\frac{7}{12}$ ⑥ $6\frac{12}{13}$ ⑦ $6\frac{11}{14}$ ⑧ $9\frac{8}{15}$
⑨ $5\frac{13}{16}$ ⑩ $6\frac{11}{17}$ ⑪ $4\frac{17}{18}$ ⑫ $7\frac{17}{19}$

05단계 ▶▶ 19쪽

① 1, 1, 5, 1 ② 7, 4, 1
③ $9\frac{2}{7}$ ④ $7\frac{3}{8}$ ⑤ $8\frac{2}{9}$ ⑥ $5\frac{7}{10}$

⑦ 7　⑧ $5\frac{2}{12}$　⑨ $8\frac{2}{13}$　⑩ $6\frac{3}{14}$

05단계 ▶▶ 20쪽

① $6\frac{1}{6}$　② $8\frac{4}{7}$　③ $7\frac{3}{10}$　④ $9\frac{1}{8}$

⑤ $5\frac{4}{11}$　⑥ $4\frac{4}{9}$　⑦ $8\frac{5}{12}$　⑧ $4\frac{4}{13}$

⑨ $6\frac{5}{14}$　⑩ $9\frac{7}{15}$

06단계 ▶▶ 21쪽

① 5　② $\frac{14}{5}$　③ $\frac{11}{6}$　④ $\frac{13}{9}$

⑤ $\frac{39}{11}$　⑥ $\frac{47}{10}$　⑦ 6, 9, 15, 3, 3

⑧ $6\frac{4}{5}$　⑨ $4\frac{5}{6}$　⑩ $5\frac{4}{7}$　⑪ $4\frac{7}{8}$

06단계 ▶▶ 22쪽

① 19, 25, 44, 7, 2　② $6\frac{6}{7}$　③ $3\frac{5}{8}$

④ $5\frac{3}{10}$　⑤ $3\frac{7}{9}$　⑥ $6\frac{8}{11}$　⑦ $5\frac{9}{13}$

⑧ $4\frac{11}{12}$　⑨ $6\frac{11}{15}$

07단계 ▶▶ 23쪽

① 18, 7, 25, 6, 1　② $5\frac{2}{5}$　③ $5\frac{2}{6}$

④ 7　⑤ $6\frac{3}{8}$　⑥ $6\frac{5}{9}$　⑦ $4\frac{3}{10}$

⑧ $5\frac{5}{11}$　⑨ $4\frac{1}{12}$　⑩ $5\frac{7}{13}$

07단계 ▶▶ 24쪽

① 24, 17, 41, 8, 1　② $4\frac{3}{7}$　③ $6\frac{5}{8}$

④ $7\frac{4}{9}$　⑤ $5\frac{3}{10}$　⑥ $3\frac{5}{12}$　⑦ $5\frac{2}{11}$

⑧ $6\frac{4}{15}$　⑨ $7\frac{2}{13}$　⑩ $6\frac{7}{14}$

08단계 ▶▶ 25쪽

① $8\frac{1}{5}$　② $6\frac{1}{7}$　③ $7\frac{5}{8}$　④ $4\frac{6}{11}$

⑤ 6　⑥ $9\frac{1}{13}$　⑦ $7\frac{1}{6}$　⑧ $8\frac{5}{12}$

⑨ $5\frac{3}{10}$　⑩ $3\frac{9}{14}$　⑪ $7\frac{3}{16}$　⑫ $10\frac{1}{15}$

08단계 ▶▶ 26쪽

① $6\frac{1}{6}$　② $7\frac{1}{8}$　③ $4\frac{3}{7}$　④ 5

⑤ $5\frac{1}{10}$　⑥ $4\frac{5}{13}$　⑦ $5\frac{1}{14}$　⑧ $9\frac{3}{11}$

⑨ $9\frac{5}{18}$　⑩ $11\frac{15}{19}$　⑪ 10

09단계 ▶▶ 27쪽

① 9, 6, 1, 2, 7, 2　② 3　③ $6\frac{1}{4}$

④ $8\frac{5}{9}$　⑤ $4\frac{1}{5}$　⑥ $3\frac{3}{8}$　⑦ $7\frac{1}{11}$

⑧ $3\frac{8}{13}$　⑨ $5\frac{7}{10}$　⑩ 4　⑪ $6\frac{5}{12}$

정답

09단계 ▶▶ 28쪽

① $9\frac{3}{7}$　② $6\frac{1}{6}$　③ $4\frac{9}{11}$　④ $8\frac{2}{5}$

⑤ $5\frac{5}{12}$　⑥ $3\frac{2}{9}$　⑦ $4\frac{1}{8}$　⑧ $2\frac{2}{13}$

⑨ $5\frac{7}{16}$　⑩ $6\frac{3}{10}$　⑪ $7\frac{6}{17}$　⑫ $9\frac{2}{15}$

10단계 ▶▶ 29쪽

① 3, 7, 3, 1, 3, 4, 3　② $8\frac{2}{3}$　③ $2\frac{7}{8}$

④ $5\frac{4}{5}$　⑤ $6\frac{4}{7}$　⑥ $3\frac{5}{6}$　⑦ $7\frac{7}{9}$

⑧ $6\frac{9}{10}$　⑨ 4　⑩ $5\frac{9}{13}$　⑪ $8\frac{8}{11}$

10단계 ▶▶ 30쪽

① $7\frac{3}{4}$　② $3\frac{4}{7}$　③ $5\frac{3}{5}$　④ $9\frac{5}{6}$

⑤ $6\frac{7}{9}$　⑥ $4\frac{7}{8}$　⑦ $5\frac{4}{9}$　⑧ $9\frac{7}{10}$

⑨ $2\frac{11}{14}$　⑩ $7\frac{10}{11}$　⑪ $7\frac{3}{13}$　⑫ $9\frac{1}{16}$

11단계 ▶▶ 31쪽

① $\frac{8}{9}$　② $1\frac{3}{8}$　③ $1\frac{4}{11}$　④ $4\frac{5}{6}$

⑤ $3\frac{9}{10}$　⑥ 6　⑦ 4　⑧ $4\frac{2}{13}$

⑨ $4\frac{11}{12}$　⑩ $7\frac{3}{16}$　⑪ $9\frac{5}{14}$　⑫ $8\frac{6}{17}$

11단계 ▶▶ 32쪽

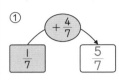

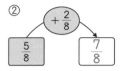

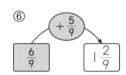

① $\frac{1}{7}$ → $+\frac{4}{7}$ → $\frac{5}{7}$

② $\frac{5}{8}$ → $+\frac{2}{8}$ → $\frac{7}{8}$

③ $2\frac{3}{11}$ → $+\frac{6}{11}$ → $2\frac{9}{11}$

④ $3\frac{1}{6}$ → $+1\frac{2}{6}$ → $4\frac{3}{6}$

⑤ $\frac{3}{5}$ → $+\frac{4}{5}$ → $1\frac{2}{5}$

⑥ $\frac{6}{9}$ → $+\frac{5}{9}$ → $1\frac{2}{9}$

⑦ $\frac{11}{10}$ → $+3\frac{7}{10}$ → $4\frac{8}{10}$

⑧ $4\frac{8}{15}$ → $+2\frac{9}{15}$ → $7\frac{2}{15}$

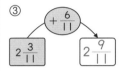

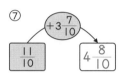

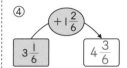

12단계 ▶▶ 33쪽

① $\frac{8}{11}$　② $1\frac{3}{7}$　③ $4\frac{8}{9}$　④ $33\frac{2}{5}$

12단계 ▶▶ 34쪽

(　　)

(　　)

(　　)

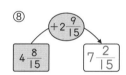

(○)

둘째 마당 · 분수의 뺄셈

13단계 ▶▶ 37쪽

① 2, 1 ② $\frac{1}{6}$ ③ 2 ④ $\frac{5}{8}$
⑤ $\frac{4}{9}$ ⑥ $\frac{7}{10}$ ⑦ $\frac{2}{11}$ ⑧ $\frac{5}{12}$
⑨ $\frac{7}{13}$ ⑩ $\frac{5}{14}$ ⑪ $\frac{7}{15}$ ⑫ $\frac{11}{16}$

13단계 ▶▶ 38쪽

① $\frac{4}{7}$ ② $\frac{5}{9}$ ③ $\frac{3}{8}$ ④ $\frac{6}{11}$
⑤ $\frac{3}{10}$ ⑥ $\frac{5}{12}$ ⑦ $\frac{5}{13}$ ⑧ $\frac{8}{15}$
⑨ $\frac{9}{14}$ ⑩ $\frac{12}{17}$ ⑪ $\frac{5}{18}$ ⑫ $\frac{5}{16}$

14단계 ▶▶ 39쪽

① 4, 1, 3 ② $\frac{3}{5}$ ③ $\frac{1}{6}$ ④ 7, 4
⑤ $\frac{7}{8}$ ⑥ $\frac{5}{9}$ ⑦ $\frac{7}{10}$ ⑧ $\frac{5}{11}$
⑨ $\frac{7}{12}$ ⑩ $\frac{9}{13}$ ⑪ $\frac{5}{14}$ ⑫ $\frac{4}{15}$

14단계 ▶▶ 40쪽

① $\frac{2}{5}$ ② $\frac{1}{3}$ ③ $\frac{5}{6}$ ④ $\frac{2}{9}$
⑤ $\frac{2}{7}$ ⑥ $\frac{1}{12}$ ⑦ $\frac{1}{10}$ ⑧ $\frac{3}{11}$
⑨ $\frac{6}{8}$ ⑩ $\frac{11}{14}$ ⑪ $\frac{3}{13}$ ⑫ $\frac{8}{15}$

15단계 ▶▶ 41쪽

① 3, 2, 3, 2 ② 2, 1, 2, 1
③ $2\frac{4}{7}$ ④ $4\frac{3}{8}$ ⑤ $2\frac{5}{9}$ ⑥ 2, 3
⑦ $4\frac{5}{11}$ ⑧ $3\frac{5}{12}$ ⑨ $5\frac{6}{13}$ ⑩ 6

15단계 ▶▶ 42쪽

① $5\frac{3}{8}$ ② $5\frac{5}{9}$ ③ $3\frac{7}{10}$ ④ $2\frac{6}{11}$
⑤ $4\frac{7}{12}$ ⑥ $2\frac{3}{13}$ ⑦ $3\frac{9}{14}$ ⑧ $1\frac{8}{15}$
⑨ $7\frac{7}{16}$ ⑩ $1\frac{6}{17}$ ⑪ $\frac{5}{18}$ ⑫ 4

16단계 ▶▶ 43쪽

① 5, 1, 1 ② 19, 8, 11, 2, 1 ③ $1\frac{4}{6}$
④ $4\frac{2}{7}$ ⑤ $6\frac{3}{8}$ ⑥ $2\frac{2}{9}$ ⑦ $3\frac{3}{10}$
⑧ $6\frac{4}{11}$ ⑨ $5\frac{7}{12}$ ⑩ $2\frac{5}{13}$

16단계 ▶▶ 44쪽

① 26, 10, 16, 2, 2 ② $1\frac{3}{8}$ ③ $4\frac{1}{10}$
④ $2\frac{4}{9}$ ⑤ $3\frac{6}{11}$ ⑥ $1\frac{7}{12}$ ⑦ $4\frac{7}{15}$
⑧ $2\frac{9}{14}$ ⑨ $3\frac{4}{13}$ ⑩ $4\frac{5}{16}$

17단계 ▶▶ 45쪽

① $1\frac{2}{5}$ ② $2\frac{3}{7}$ ③ $5\frac{1}{6}$ ④ $2\frac{2}{9}$
⑤ $4\frac{5}{8}$ ⑥ $1\frac{7}{10}$ ⑦ $3\frac{5}{14}$ ⑧ $7\frac{4}{11}$

⑨ $4\frac{8}{13}$ ⑩ $1\frac{5}{12}$ ⑪ $2\frac{4}{15}$ ⑫ $5\frac{9}{16}$

17단계 ▸▸ 46쪽

① $2\frac{4}{7}$ ② $4\frac{5}{8}$ ③ $3\frac{2}{9}$ ④ $2\frac{6}{11}$

⑤ $4\frac{5}{12}$ ⑥ $5\frac{3}{10}$ ⑦ $3\frac{9}{13}$ ⑧ $1\frac{4}{15}$

⑨ 3 ⑩ 4 ⑪ $\frac{9}{17}$

18단계 ▸▸ 47쪽

① 1, 3 ② 5, 3, 2 ③ $2\frac{1}{6}$ ④ $5\frac{3}{7}$

⑤ $3\frac{5}{8}$ ⑥ $4\frac{7}{9}$ ⑦ $2\frac{7}{10}$ ⑧ $1\frac{5}{11}$

⑨ $5\frac{7}{12}$ ⑩ $4\frac{9}{13}$ ⑪ $7\frac{5}{14}$ ⑫ $6\frac{7}{15}$

18단계 ▸▸ 48쪽

① $2\frac{1}{5}$ ② $1\frac{5}{6}$ ③ $4\frac{4}{7}$ ④ $2\frac{7}{9}$

⑤ $3\frac{1}{8}$ ⑥ $4\frac{7}{12}$ ⑦ $5\frac{3}{10}$ ⑧ $6\frac{8}{13}$

⑨ $7\frac{3}{14}$ ⑩ $3\frac{9}{15}$ ⑪ $4\frac{2}{11}$ ⑫ $8\frac{9}{17}$

19단계 ▸▸ 49쪽

① 3, 2, 2 ② $3\frac{3}{4}$ ③ $5\frac{2}{5}$ ④ $4\frac{1}{6}$

⑤ $2\frac{3}{7}$ ⑥ $5\frac{1}{8}$ ⑦ $1\frac{4}{9}$ ⑧ $6\frac{9}{10}$

⑨ $4\frac{7}{11}$ ⑩ $2\frac{5}{12}$ ⑪ $2\frac{11}{13}$ ⑫ $2\frac{9}{14}$

19단계 ▸▸ 50쪽

① $1\frac{3}{7}$ ② $4\frac{5}{6}$ ③ $4\frac{5}{8}$ ④ $3\frac{9}{10}$

⑤ $1\frac{4}{9}$ ⑥ $2\frac{1}{12}$ ⑦ $3\frac{2}{11}$ ⑧ $3\frac{9}{16}$

⑨ $1\frac{3}{14}$ ⑩ $4\frac{7}{13}$ ⑪ $4\frac{13}{15}$ ⑫ $\frac{8}{17}$

20단계 ▸▸ 51쪽

① 4, 2, 2 ② $\frac{3}{4}$ ③ $3\frac{4}{5}$ ④ $2\frac{5}{6}$

⑤ $3\frac{6}{7}$ ⑥ $4\frac{5}{8}$ ⑦ $1\frac{4}{9}$ ⑧ $4\frac{9}{10}$

⑨ $1\frac{10}{11}$ ⑩ $3\frac{7}{12}$ ⑪ $6\frac{10}{13}$

20단계 ▸▸ 52쪽

① $2\frac{5}{7}$ ② $\frac{7}{9}$ ③ $1\frac{7}{10}$ ④ $5\frac{5}{8}$

⑤ $5\frac{9}{11}$ ⑥ $1\frac{5}{12}$ ⑦ $2\frac{9}{14}$ ⑧ $1\frac{13}{15}$

⑨ $3\frac{10}{13}$ ⑩ $1\frac{15}{17}$ ⑪ $3\frac{9}{16}$ ⑫ $2\frac{7}{18}$

21단계 ▸▸ 53쪽

① 10, 5, 5, 1, 2 ② $2\frac{3}{4}$ ③ $\frac{4}{5}$

④ $1\frac{5}{6}$ ⑤ $1\frac{4}{7}$ ⑥ $\frac{5}{8}$ ⑦ $3\frac{8}{9}$

⑧ $1\frac{5}{10}$ ⑨ $2\frac{8}{11}$ ⑩ $\frac{7}{12}$

정답

21단계 ▶▶ 54쪽

① 25, 10, 15, 3, 3　② $3\frac{2}{7}$　③ $2\frac{4}{5}$

④ $1\frac{5}{8}$　⑤ $4\frac{7}{10}$　⑥ $2\frac{10}{11}$　⑦ $4\frac{5}{12}$

⑧ $1\frac{3}{13}$　⑨ $2\frac{13}{14}$　⑩ $2\frac{7}{16}$

22단계 ▶▶ 55쪽

① $6\frac{3}{5}$　② $2\frac{7}{8}$　③ $\frac{4}{7}$　④ $\frac{7}{9}$

⑤ $2\frac{7}{10}$　⑥ $2\frac{5}{6}$　⑦ $1\frac{5}{12}$　⑧ $3\frac{9}{11}$

⑨ $2\frac{11}{14}$　⑩ $3\frac{8}{15}$　⑪ $1\frac{11}{13}$　⑫ $\frac{13}{16}$

22단계 ▶▶ 56쪽

① $3\frac{3}{4}$　② $2\frac{2}{7}$　③ $6\frac{5}{9}$　④ $1\frac{5}{6}$

⑤ $2\frac{8}{11}$　⑥ $6\frac{7}{8}$　⑦ $1\frac{11}{12}$　⑧ $\frac{7}{16}$

⑨ $5\frac{9}{17}$　⑩ $\frac{11}{14}$　⑪ $1\frac{5}{18}$

23단계 ▶▶ 57쪽

① 4, 5, 2　② 1, 6, 1, 3

③ $2\frac{2}{5}$　④ $4\frac{5}{6}$　⑤ $2\frac{5}{7}$　⑥ $3\frac{5}{8}$

⑦ $3\frac{4}{9}$　⑧ $2\frac{7}{10}$　⑨ $5\frac{10}{11}$　⑩ $7\frac{7}{12}$

⑪ $6\frac{10}{13}$

23단계 ▶▶ 58쪽

① $2\frac{3}{4}$　② $1\frac{3}{5}$　③ $\frac{7}{10}$　④ $3\frac{5}{8}$

⑤ $6\frac{5}{6}$　⑥ $3\frac{4}{11}$　⑦ $3\frac{4}{7}$　⑧ $1\frac{7}{10}$

⑨ $6\frac{4}{9}$　⑩ $2\frac{9}{13}$　⑪ $4\frac{5}{12}$　⑫ $5\frac{5}{14}$

24단계 ▶▶ 59쪽

① 5, 3, 1　② 1, 6, 1, 1

③ 2　④ $4\frac{1}{6}$　⑤ $2\frac{2}{7}$　⑥ $3\frac{1}{8}$

⑦ $3\frac{2}{9}$　⑧ $2\frac{3}{10}$　⑨ $5\frac{6}{11}$　⑩ $7\frac{7}{12}$

⑪ $3\frac{6}{13}$　⑫ $4\frac{1}{14}$

24단계 ▶▶ 60쪽

① $1\frac{1}{6}$　② $2\frac{2}{5}$　③ $7\frac{1}{4}$　④ $3\frac{3}{8}$

⑤ $4\frac{2}{9}$　⑥ $5\frac{2}{7}$　⑦ $\frac{8}{15}$　⑧ $1\frac{5}{14}$

⑨ $3\frac{3}{13}$　⑩ $4\frac{4}{11}$　⑪ $6\frac{5}{12}$　⑫ $5\frac{13}{16}$

25단계 ▶▶ 61쪽

① $\frac{6}{9}$　② $\frac{3}{10}$　③ $2\frac{2}{7}$　④ $2\frac{5}{12}$

⑤ $5\frac{9}{13}$　⑥ $4\frac{9}{16}$　⑦ $2\frac{1}{8}$　⑧ $4\frac{7}{11}$

⑨ $3\frac{5}{6}$　⑩ $1\frac{3}{10}$　⑪ $5\frac{8}{15}$　⑫ $5\frac{7}{18}$

정답

25단계 ▸▸ 62쪽

① $\frac{7}{10}$ $\xrightarrow{-\frac{4}{10}}$ $\frac{3}{10}$

② $6\frac{7}{9}$ $\xrightarrow{-5\frac{2}{9}}$ $1\frac{5}{9}$

③ 5 $\xrightarrow{-\frac{4}{11}}$ $4\frac{7}{11}$

④ 4 $\xrightarrow{-1\frac{5}{6}}$ $2\frac{1}{6}$

⑤ $5\frac{2}{7}$ $\xrightarrow{-2\frac{4}{7}}$ $2\frac{5}{7}$

⑥ $3\frac{3}{12}$ $\xrightarrow{-2\frac{8}{12}}$ $\frac{7}{12}$

⑦ $6\frac{5}{14}$ $\xrightarrow{-\frac{8}{14}}$ $5\frac{11}{14}$

⑧ $7\frac{6}{8}$ $\xrightarrow{-\frac{11}{8}}$ $6\frac{3}{8}$

26단계 ▸▸ 63쪽

① $\frac{7}{12}$ ② $1\frac{5}{11}$ ③ $38\frac{5}{6}$ ④ $4\frac{4}{7}$

26단계 ▸▸ 64쪽

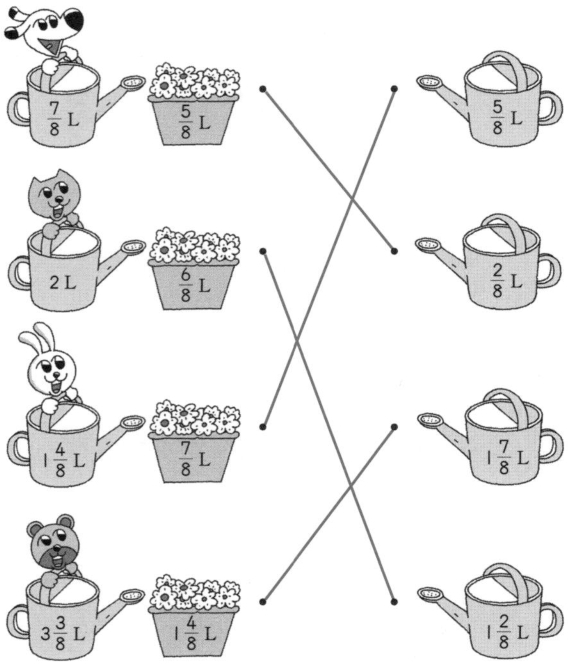

셋째 마당 · 소수

27단계 ▸▸ 67쪽

① 0.1	② 0.3	③ 0.01	④ 0.04
⑤ 0.001	⑥ 0.006	⑦ 1.2	⑧ 2.7
⑨ 0.35	⑩ 0.52	⑪ 0.413	⑫ 0.628

27단계 ▸▸ 68쪽

① 2.1	② 1.5	③ 4.7	④ 3.01
⑤ 2.09	⑥ 6.23	⑦ 2.001	⑧ 4.006
⑨ 1.013	⑩ 3.028	⑪ 7.365	⑫ 5.408

28단계 ▶▶ 69쪽

① 3, 0.3, 0.03　② 1, 0.9, 0.07
③ 4, 0.5, 0.08　④ 7, 0.6, 0.09
⑤ 5, 0.5, 0.05, 0.005　⑥ 9, 0.2, 0.07, 0.004
⑦ 5, 0.8, 0.01, 0.002　⑧ 8, 0.4, 0.09, 0.001

28단계 ▶▶ 70쪽

① 0.04　② 0.09　③ 0.15　④ 0.27
⑤ 0.5　⑥ 0.9　⑦ 0.006　⑧ 0.013
⑨ 0.049　⑩ 0.124　⑪ 1.37　⑫ 0.08

29단계 ▶▶ 71쪽

① 3, 7, 4, 삼 점 칠사
② 5, 0.1, 0.01 오 점 사팔
③ 4, 2, 사 점 영이
④ 5, 8, 3, 이 점 오팔삼
⑤ 0.1, 0.01, 9, 팔 점 육일구
⑥ 0.1, 0.001, 영 점 칠영육

29단계 ▶▶ 72쪽

① 0.53, 영 점 오삼　② 0.082, 영 점 영팔이
③ 4.06, 사 점 영육　④ 7.24, 칠 점 이사
⑤ 0.168, 영 점 일육팔　⑥ 3.914, 삼 점 구일사
⑦ 5.006, 오 점 영영육　⑧ 0.209, 영 점 이영구

30단계 ▶▶ 73쪽

① 4.27, 6.27　② 6.74, 6.94
③ 3.152, 3.172　④ 1.546, 1.548
⑤ 6.238, 6.24　⑥ 4.298, 4.318
⑦ 4.972, 5.172

30단계 ▶▶ 74쪽

① 6.364, 8.364 / 7.264, 7.464 / 7.354, 7.374 / 7.363, 7.365
② 0.279, 2.279 / 1.179, 1.379 / 1.269, 1.289 / 1.278, 1.28
③ 4.806, 5.006 / 4.896, 4.916

31단계 ▶▶ 75쪽

① <　② >　③ <　④ >　⑤ <
⑥ >　⑦ =　⑧ =　⑨ >　⑩ >
⑪ <　⑫ <

31단계 ▶▶ 76쪽

① =　② >　③ >　④ <　⑤ <
⑥ >　⑦ <　⑧ >　⑨ <　⑩ >
⑪ <　⑫ <

32단계 ▶▶ 77쪽

① 5, 50　② 41.7, 417
③ 0.7, 7　④ 6.13, 613
⑤ 20.09, 200.9　⑥ 452
⑦ 834

32단계 ▶▶ 78쪽

① 0.03, 0.003　② 5, 0.05
③ 8.6, 0.86　④ 4, 0.4
⑤ 37.5, 0.375　⑥ 0.109
⑦ 0.073

정답

33단계 ▸▸ 79쪽

① 10배 → 10배

0.13	1.3	13
0.013	0.13	1.3

② 10배 → 10배

2.05	20.5	205
0.205	2.05	20.5

③ 10배 → 10배

0.827	8.27	82.7
2.194	21.94	219.4

④ $\frac{1}{10}$ → $\frac{1}{10}$

7	0.7	0.07
70	7	0.7

⑤ $\frac{1}{10}$ → $\frac{1}{10}$

38	3.8	0.38
3.8	0.38	0.038

⑥ $\frac{1}{10}$ → $\frac{1}{10}$

0.4	0.04	0.004
9.5	0.95	0.095

33단계 ▸▸ 80쪽

① 10배

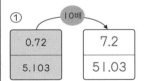

0.72	7.2
5.103	51.03

② 100배

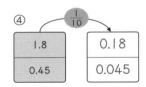

1.09	109
0.208	20.8

③ 1000배

8.26	8260
1.059	1059

④ $\frac{1}{10}$

1.8	0.18
0.45	0.045

⑤ $\frac{1}{100}$

20	0.2
14.7	0.147

⑥ $\frac{1}{1000}$

9	0.009
30	0.03

34단계 ▸▸ 81쪽

① 0.1 ② 0.2 ③ 0.8 ④ 1
⑤ 3 ⑥ 6.5 ⑦ 10 ⑧ 17
⑨ 29.6 ⑩ 38.1 ⑪ 50.2

34단계 ▸▸ 82쪽

① 0.01 ② 0.03 ③ 0.1 ④ 0.4
⑤ 0.13 ⑥ 0.27 ⑦ 1 ⑧ 1.4
⑨ 2.63 ⑩ 3.09 ⑪ 4.58

35단계 ▸▸ 83쪽

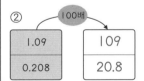

① 0.001 ② 0.008 ③ 0.01
④ 0.05 ⑤ 0.048 ⑥ 0.073
⑦ 0.1 ⑧ 0.16 ⑨ 0.462
⑩ 0.705 ⑪ 0.819

35단계 ▸▸ 84쪽

① 0.001 ② 0.005 ③ 0.01
④ 0.06 ⑤ 0.046 ⑥ 0.087
⑦ 0.1 ⑧ 0.17 ⑨ 0.295
⑩ 0.418 ⑪ 0.603

36단계 ▸▸ 85쪽

① 0.07 ② 유리
③ 124, 0.124 ④ 0.094

36단계 ▸▸ 86쪽

①
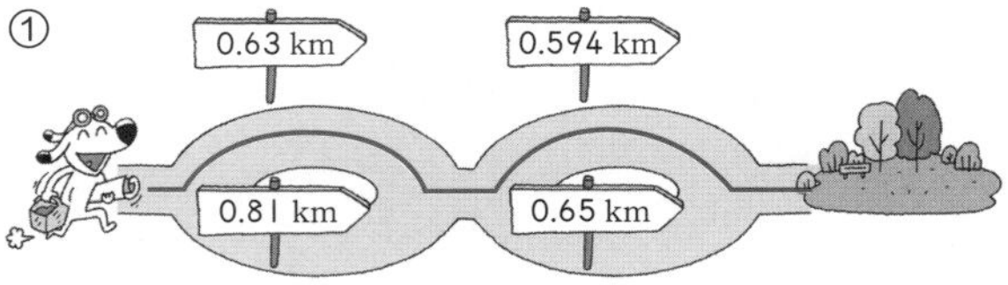

②
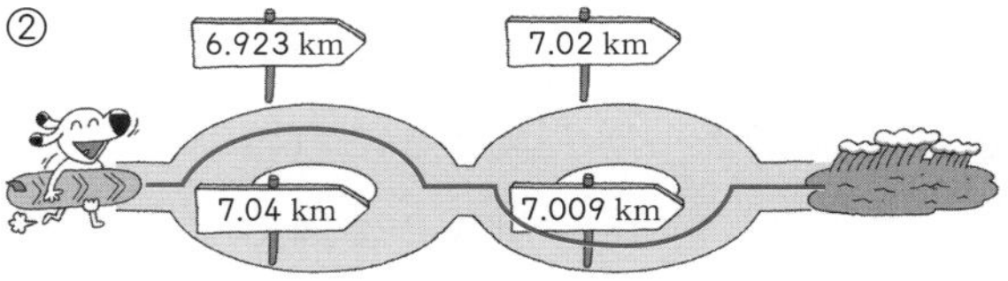

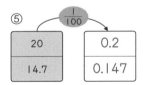

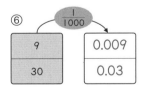

③

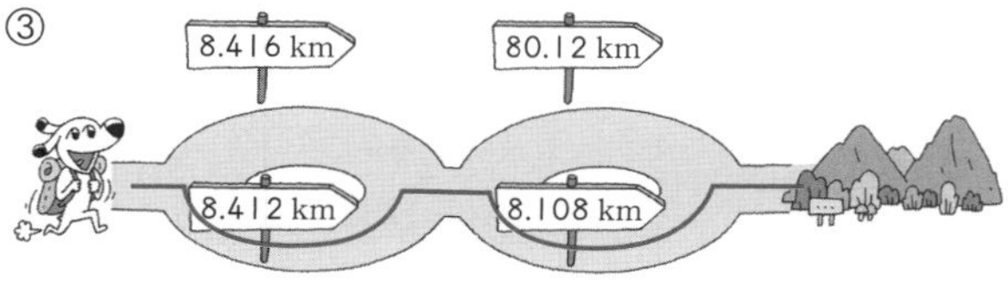

넷째 마당 · 소수의 덧셈과 뺄셈

37단계 ▶▶ 89쪽

① 0.7	② 4.9	③ 5.8	④ 7.9
⑤ 4.3	⑥ 9.2	⑦ 8.4	⑧ 9.4
⑨ 10.9	⑩ 11.8	⑪ 10.2	⑫ 13.2

37단계 ▶▶ 90쪽

① 2.2	② 3	③ 6.1	④ 9.3
⑤ 9.5	⑥ 8.3	⑦ 12.7	⑧ 12.9
⑨ 15.6	⑩ 12.4	⑪ 10.1	⑫ 14.6

38단계 ▶▶ 91쪽

①	4.2	+	0.7	4.9
②	2.4	+	6.3	8.7
③	0.9	+	3.5	4.4
④	4.6	+	1.8	6.4
⑤	5.2	+	2.9	8.1
⑥	2.8	+	3.7	6.5
⑦	3.7	+	5.6	9.3
⑧	5.9	+	6.5	12.4
⑨	10.3	+	0.6	10.9
⑩	34.7	+	5.4	40.1
⑪	1.6	+	26.2	27.8
⑫	3.8	+	50.9	54.7

38단계 ▶▶ 92쪽

① 5.9	② 6.3	③ 9.2	④ 10
⑤ 12.1	⑥ 13.3	⑦ 20.6	⑧ 20.2
⑨ 17.3	⑩ 32.1	⑪ 33.5	

39단계 ▶▶ 93쪽

① 3.2	② 1.5	③ 5.8	④ 6.2
⑤ 1.7	⑥ 2.7	⑦ 1.5	⑧ 6.4
⑨ 2.8	⑩ 4.9	⑪ 0.8	⑫ 1.6

39단계 ▶▶ 94쪽

① 1.6	② 2.6	③ 0.3	④ 3.9
⑤ 1.9	⑥ 0.8	⑦ 1.8	⑧ 3.6
⑨ 1.7	⑩ 0.9	⑪ 4.8	⑫ 6.8

40단계 ▶▶ 95쪽

①	1.7	−	0.4	1.3
②	4.5	−	1.8	2.7
③	2.4	−	0.7	1.7
④	5.3	−	2.9	2.4
⑤	7.3	−	2.6	4.7
⑥	6.2	−	3.4	2.8
⑦	8.6	−	5.9	2.7
⑧	9.2	−	7.8	1.4
⑨	11.7	−	4.2	7.5
⑩	12.3	−	4.7	7.6
⑪	25.7	−	3.8	21.9
⑫	31.4	−	7.6	23.8

40단계 ▶▶ 96쪽

① 1.9	② 1.6	③ 0.9	④ 6.8

⑤ 4.5 　⑥ 4.5 　⑦ 11.5 　⑧ 14.7

⑨ 22.3 　⑩ 19.4 　⑪ 24.5

41단계 ▶▶ 97쪽

① 0.75 　② 3.68 　③ 4.62 　④ 9.25

⑤ 2.09 　⑥ 3.73 　⑦ 6.37 　⑧ 8.44

⑨ 6.21 　⑩ 7.22 　⑪ 8.07 　⑫ 9.21

41단계 ▶▶ 98쪽

① 4.61 　② 5.2 　③ 6.52 　④ 9.25

⑤ 4.01 　⑥ 6.44 　⑦ 8.06 　⑧ 9.26

⑨ 12.72 　⑩ 12.08 　⑪ 10.65 　⑫ 11.08

42단계 ▶▶ 99쪽

①
```
    0 . 4 3
 +  0 . 1 5
    0 . 5 8
```
⑤
```
    1 . 3 6
 +  2 . 1 9
    3 . 5 5
```
⑨
```
    2 . 5 3
 +  4 . 6 9
    7 . 2 2
```

②
```
    1 . 8 2
 +  3 . 0 4
    4 . 8 6
```
⑥
```
    4 . 5 2
 +  3 . 6 3
    8 . 1 5
```
⑩
```
    1 . 7 2
 +  9 . 4 5
  1 1 . 1 7
```

③
```
    2 . 4 5
 +  0 . 2 9
    2 . 7 4
```
⑦
```
    5 . 8 1
 +  2 . 6 2
    8 . 4 3
```
⑪
```
    3 . 4 9
 +  7 . 8 4
  1 1 . 3 3
```

④
```
    3 . 5 1
 +  1 . 7 4
    5 . 2 5
```
⑧
```
    6 . 2 8
 +  0 . 7 6
    7 . 0 4
```
⑫
```
    5 . 7 3
 +  6 . 5 8
  1 2 . 3 1
```

42단계 ▶▶ 100쪽

① 0.63 　② 3.48 　③ 5.4 　④ 6.12

⑤ 7.35 　⑥ 8.04 　⑦ 8.34 　⑧ 9.13

⑨ 7.16 　⑩ 5.05 　⑪ 13.02

43단계 ▶▶ 101쪽

① 0.26 　② 1.43 　③ 2.54 　④ 1.85

⑤ 4.28 　⑥ 2.37 　⑦ 0.93 　⑧ 2.05

⑨ 2.27 　⑩ 4.46 　⑪ 5.94 　⑫ 2.96

43단계 ▶▶ 102쪽

① 0.62 　② 2.36 　③ 0.3 　④ 3.67

⑤ 1.92 　⑥ 3.32 　⑦ 1.27 　⑧ 2.28

⑨ 2.39 　⑩ 1.97 　⑪ 5.38 　⑫ 4.63

44단계 ▶▶ 103쪽

①
```
    0 . 5 7
 -  0 . 3 2
    0 . 2 5
```
⑤
```
    2 . 4 6
 -  0 . 3 8
    2 . 0 8
```
⑨
```
    6 . 3 5
 -  0 . 7 4
    5 . 6 1
```

②
```
    2 . 4 9
 -  1 . 0 6
    1 . 4 3
```
⑥
```
    4 . 0 8
 -  1 . 3 5
    2 . 7 3
```
⑩
```
    7 . 4 2
 -  4 . 8 3
    2 . 5 9
```

③
```
    1 . 8 6
 -  0 . 2 9
    1 . 5 7
```
⑦
```
    6 . 7 3
 -  3 . 5 8
    3 . 1 5
```
⑪
```
    8 . 2 5
 -  6 . 2 7
    1 . 9 8
```

④
```
    5 . 2 7
 -  3 . 4 1
    1 . 8 6
```
⑧
```
    7 . 0 5
 -  1 . 0 9
    5 . 9 6
```
⑫
```
    9 . 1 3
 -  3 . 6 5
    5 . 4 8
```

44단계 ▶▶ 104쪽

① 2.12 　② 0.68 　③ 3.64 　④ 1.26

⑤ 0.95 　⑥ 3.73 　⑦ 3.37 　⑧ 1.98

⑨ 4.84 　⑩ 3.56 　⑪ 4.77

45단계 ▶▶ 105쪽

① 0.74 　② 3.17 　③ 2.92 　④ 3.03

정답

⑤ 6.23 ⑥ 9.48 ⑦ 8.24 ⑧ 7.19
⑨ 6.54 ⑩ 7.13 ⑪ 6.28 ⑫ 9.02

45단계 ▸▸106쪽

① 5.06 ② 7.23 ③ 5.28 ④ 9.45
⑤ 7.14 ⑥ 6.36 ⑦ 8.01 ⑧ 9.67
⑨ 9.48 ⑩ 11.15 ⑪ 13.52 ⑫ 15.09

46단계 ▸▸107쪽

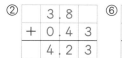

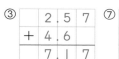

①

	0.	5	4
+	2.	3	
	2.	8	4

⑤

	1.	9	2
+	5.	7	
	7.	6	2

⑨

	3.	8	4
+	6.	3	
1	0.	1	4

②

	3.	8	
+	0.	4	3
	4.	2	3

⑥

	4.	4	
+	2.	6	8
	7.	0	8

⑩

	5.	6	
+	7.	5	1
1	3.	1	1

③

	2.	5	7
+	4.	6	
	7.	1	7

⑦

	6.	9	2
+	1.	3	
	8.	2	2

⑪

	9.	7	6
+	3.	9	
1	3.	6	6

④

	1.	9	
+	3.	4	9
	5.	3	9

⑧

	1.	4	
+	7.	7	5
	9.	1	5

⑫

	7.	8	3
+	8.	6	
1	6.	4	3

46단계 ▸▸108쪽

① 1.98 ② 6.25 ③ 5.27 ④ 4.33
⑤ 9.06 ⑥ 7.01 ⑦ 8.62 ⑧ 9.49
⑨ 9.58 ⑩ 10.04 ⑪ 14.59

47단계 ▸▸109쪽

① 0.38 ② 1.57 ③ 2.72 ④ 3.74
⑤ 3.15 ⑥ 1.22 ⑦ 3.59 ⑧ 4.66
⑨ 0.73 ⑩ 1.79 ⑪ 5.85 ⑫ 2.54

47단계 ▸▸110쪽

① 1.56 ② 0.15 ③ 2.82 ④ 3.52
⑤ 2.74 ⑥ 3.87 ⑦ 3.38 ⑧ 2.54
⑨ 2.87 ⑩ 5.12 ⑪ 6.09 ⑫ 2.96

48단계 ▸▸111쪽

①

	1.	8	2
−	0.	3	
	1.	5	2

⑤

	3.	0	4
−	1.	6	
	1.	4	4

⑨

	8.	3	
−	6.	1	7
	2.	1	3

②

	2.	3	
−	0.	2	9
	2.	0	1

⑥

	4.	1	
−	3.	4	8
	0.	6	2

⑩

	5.	4	1
−	1.	9	
	3.	5	1

③

	5.	6	7
−	2.	7	
	2.	9	7

⑦

	7.	2	5
−	5.	3	
	1.	9	5

⑪

	4.	5	
−	2.	7	2
	1.	7	8

④

	8.	9	
−	4.	1	1
	4.	7	9

⑧

	6.	4	
−	3.	6	5
	2.	7	5

⑫

	9.	3	
−	7.	5	4
	1.	7	6

48단계 ▸▸112쪽

① 1.03 ② 3.83 ③ 2.78 ④ 2.97
⑤ 3.89 ⑥ 2.18 ⑦ 2.97 ⑧ 5.39
⑨ 1.45 ⑩ 7.08 ⑪ 4.42

49단계 ▸▸113쪽

① 7.5 ② 16 ③ 30.4 ④ 6.36
⑤ 7.72 ⑥ 5.01 ⑦ 8.04 ⑧ 9.3
⑨ 8.16 ⑩ 12.71 ⑪ 8.46 ⑫ 10.47
⑬ 11.54

정답

49단계 ▸▸114쪽

① 8.4 ② 18.3 ③ 4.91 ④ 9.4
⑤ 6.24 ⑥ 10.17 ⑦ 4.23 ⑧ 8.49
⑨ 12.11 ⑩ 10.23

50단계 ▸▸115쪽

① 1.9 ② 2.7 ③ 12.5 ④ 1.07
⑤ 4.5 ⑥ 3.79 ⑦ 6.93 ⑧ 0.27
⑨ 1.55 ⑩ 1.97 ⑪ 0.34 ⑫ 1.98
⑬ 7.71

50단계 ▸▸116쪽

① 2.5 ② 5.8 ③ 3.18 ④ 1.94
⑤ 1.97 ⑥ 5.98 ⑦ 5.04 ⑧ 2.58
⑨ 2.94 ⑩ 4.03

51단계 ▸▸117쪽

① (+)

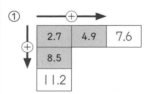

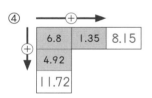

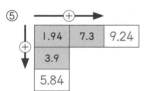

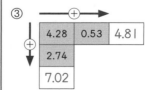

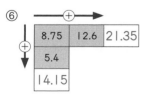

2.7	4.9	7.6
8.5		
11.2		

④ (+)

6.8	1.35	8.15
4.92		
11.72		

② (+)

3.52	6.27	9.79
2.85		
6.37		

⑤ (+)

1.94	7.3	9.24
3.9		
5.84		

③ (+)

4.28	0.53	4.81
2.74		
7.02		

⑥ (+)

8.75	12.6	21.35
5.4		
14.15		

51단계 ▸▸118쪽

① (−)

4.5	1.9	2.6
2.6		
1.9		

④ (−)

4.37	3.5	0.87
2.8		
1.57		

② (−)

1.64	0.75	0.89
1.07		
0.57		

⑤ (−)

3.2	0.73	2.47
3.14		
0.06		

③ (−)

5.43	2.16	3.27
3.58		
1.85		

⑥ (−)

9.5	6.56	2.94
1.92		
7.58		

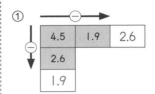

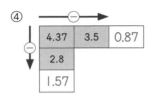

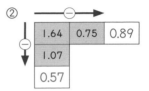

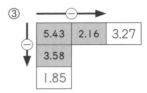

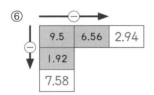

52단계 ▸▸119쪽

① 2.3 ② 19.81 ③ 0.5 ④ 0.83

52단계 ▸▸120쪽

①

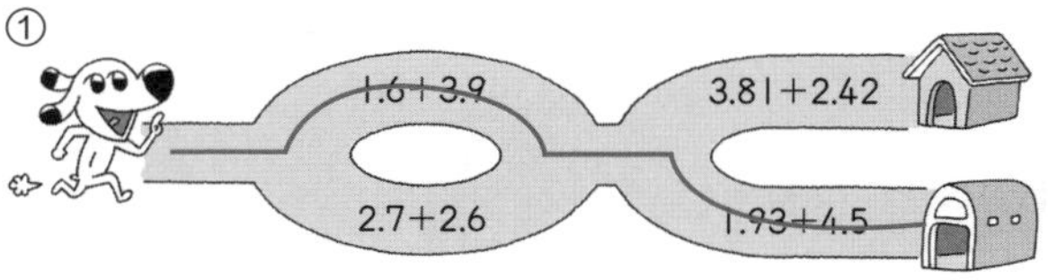

②

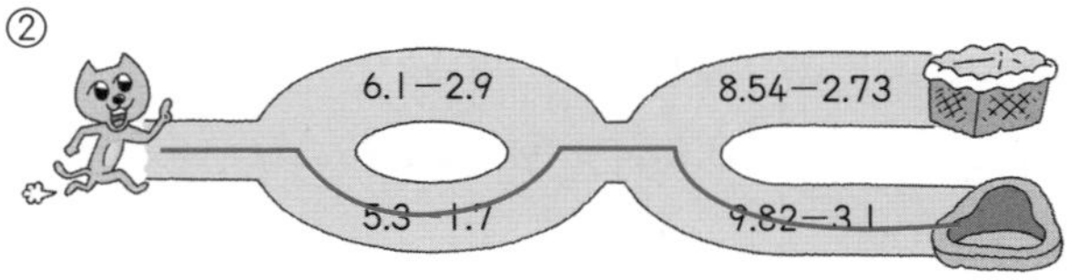

③

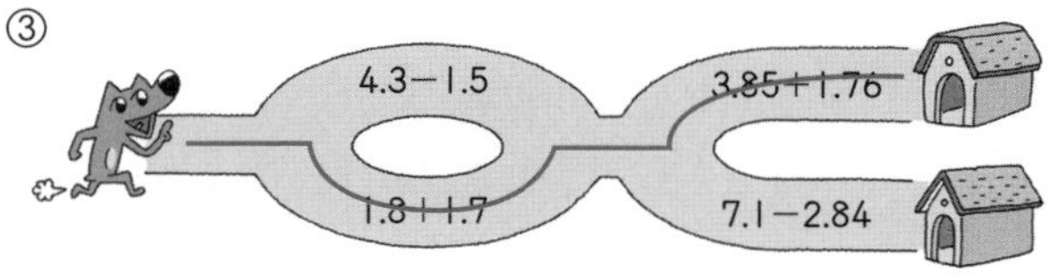

다섯째 마당 · 삼각형, 사각형

53단계 ▶▶ 123쪽

① 50 ② 70 ③ 120
④ 100 ⑤ 140, 20 ⑥ 110
⑦ 90 ⑧ 124

53단계 ▶▶ 124쪽

① 70 ② 80 ③ 40 ④ 30 ⑤ 65
⑥ 75 ⑦ 15 ⑧ 55

54단계 ▶▶ 125쪽

① 90, 50 ② 90, 25, 65 ③ 30
④ 62 ⑤ 75 ⑥ 35 ⑦ 22
⑧ 37

54단계 ▶▶ 126쪽

① 90, 60 ② 180, 90, 20 ③ 45
④ 65 ⑤ 35 ⑥ 55 ⑦ 58
⑧ 44

55단계 ▶▶ 127쪽

① 110 ② 50 ③ 150 ④ 80
⑤ 40 ⑥ 105 ⑦ 55 ⑧ 46

55단계 ▶▶ 128쪽

① 110, 70 ② 40, 140 ③ 50
④ 30 ⑤ 75 ⑥ 35
⑦ 45 ⑧ 53

56단계 ▶▶ 129쪽

① 30 ② 125 ③ 80 ④ 115
⑤ 155 ⑥ 135 ⑦ 25 ⑧ 88

56단계 ▶▶ 130쪽

① 40 ② 60 ③ 20 ④ 55
⑤ 30 ⑥ 65 ⑦ 35 ⑧ 72

57단계 ▶▶ 131쪽

① 80 ② 130 ③ 75 ④ 30
⑤ 55 ⑥ 25 ⑦ 50 ⑧ 15

57단계 ▶▶ 132쪽

① 130 ② 45 ③ 40 ④ 55
⑤ 150 ⑥ 85 ⑦ 50 ⑧ 25

58단계 ▶▶ 133쪽

① 90 ② 25 ③ 125 ④ 70

58단계 ▶▶ 134쪽

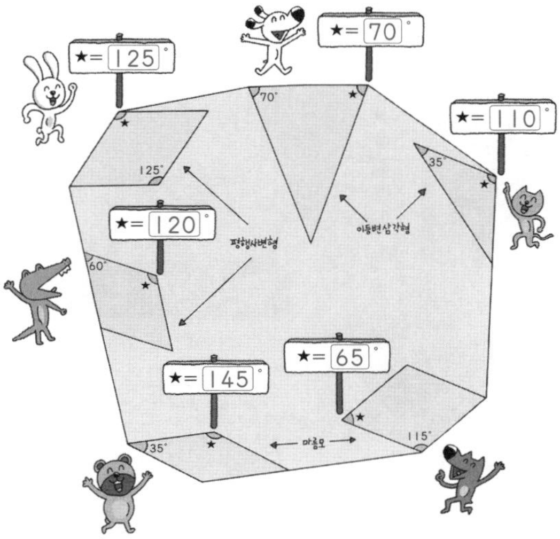

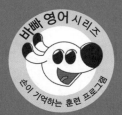

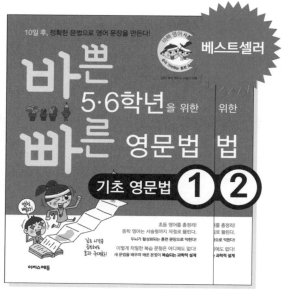

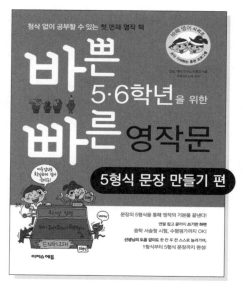

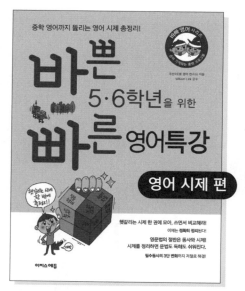

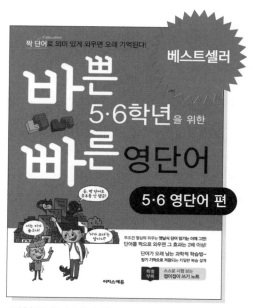

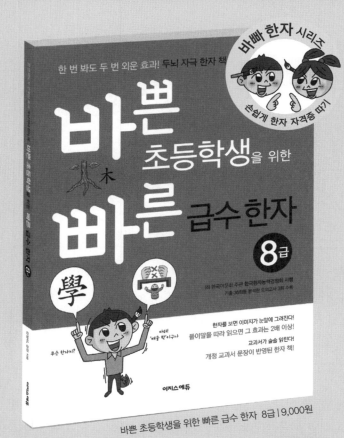

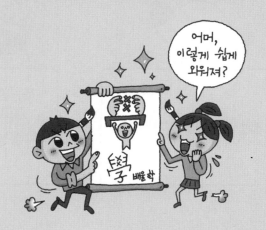

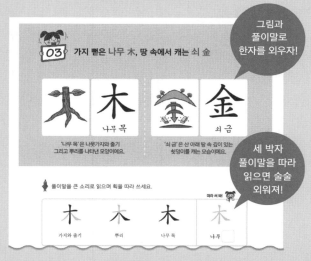

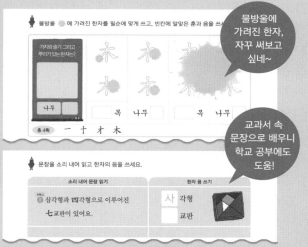

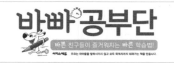

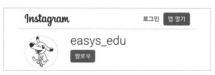

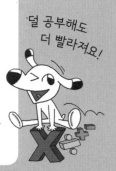

나에게 맞는 '초등 수학 공부 방법' 찾기

저는 계산이 느리거든요!

전반적으로 계산이 느리고 실수가 잦다면, 진도를 빼지 말고 제 학년에 필요한 연산부터 훈련해야 합니다. 수학 교과서 내용에 맞춘 ≪바빠 교과서 연산≫으로 예습·복습을 해 보세요. 학교 수학 교육과정과 정확히 일치해 연산 훈련만으로도 수학 공부 효과를 극대화할 수 있습니다. 부담 없는 분량과 친절한 연산 꿀팁으로 빨리 풀 수 있어, 자꾸 하루 분량보다 더 풀겠다는 친구들이 많다는 놀라운 소식!

저는 '나눗셈'이 어려워요.
저는 '분수'가 어려워요.
— 특정 연산만 보강하면
될 것 같은데….

뺄셈, 곱셈, 나눗셈, 분수, 소수 등 특정 영역만 어렵다면 부족한 영역만 선택해서 정리하는 게 효율적입니다.
예를 들어, 4학년인데 곱셈이 약하다고 생각한다면 곱셈 편을 선택해 집중적으로 훈련하세요.
≪바빠 연산법≫은 덧셈, 뺄셈, 구구단, 곱셈, 나눗셈, 분수, 소수 편으로 구성되어, 내가 부족한 영역만 골라 빠르게 보충할 수 있습니다.

서술형 수학이 무서워요.
— 문장제가 막막하다면?

개정 교육 과정은 과정 중심의 평가 비중이 높아져, 정답에 이르는 과정을 서술하게 합니다. 또한 중고등학교에서도 서술 능력은 더욱 비율이 높아지고 있죠. 따라서 요즘은 문장제 연습이 중요합니다.
빈칸을 채우면 풀이 과정이 완성되는 ≪나 혼자 푼다! 수학 문장제≫로 공부하세요!
막막하지 않아요~ 요즘 학교 시험 풀이 과정을 손쉽게 연습할 수 있습니다!